辽宁省自然科学基金计划项目(20170520098)资助
国家重点研发计划项目(2018YFB1403303)资助

盐穴三维建模关键技术研究

陶志勇　著

U0337634

中国矿业大学出版社

·徐州·

内 容 提 要

本书以盐穴的测量数据为研究对象,从地质三维建模的角度,通过对盐穴测量方法、测量数据特点的分析,对盐穴三维表面模型、体数据模型的建模方法进行研究,力图建立一套较为完整的盐穴三维建模理论与方法体系;使用 Kitware 公司的 ActiViz 可视化工具包及 C♯语言设计开发了盐穴测量数据的三维建模原型系统,根据实际盐穴测量数据建立了表面模型和体数据模型,应用此三维模型进行了表面积和体积的计算,并对结果进行了对比分析。

本书可供相关专业的研究人员借鉴、参考,也可供广大教师和学生学习使用。

图书在版编目(CIP)数据

盐穴三维建模关键技术研究 / 陶志勇著. —徐州：中国矿业大学出版社,2020.9

ISBN 978 - 7 - 5646 - 4611 - 0

Ⅰ. ①盐… Ⅱ. ①陶… Ⅲ. ①三维－地质模型－建立模型－应用－地下仓库－研究 Ⅳ. ①TU926

中国版本图书馆 CIP 数据核字(2020)第 172522 号

书　　名	盐穴三维建模关键技术研究
著　　者	陶志勇
责任编辑	何晓明
出版发行	中国矿业大学出版社有限责任公司
	(江苏省徐州市解放南路　邮编 221008)
营销热线	(0516)83884103　83885105
出版服务	(0516)83995789　83884920
网　　址	http://www.cumtp.com　E-mail:cumtpvip@cumtp.com
印　　刷	江苏淮阴新华印务有限公司
开　　本	787 mm×1092 mm　1/16　印张 9.25　字数 166 千字
版次印次	2020 年 9 月第 1 版　2020 年 9 月第 1 次印刷
定　　价	36.00 元

(图书出现印装质量问题,本社负责调换)

前　言

　　盐穴是利用水溶开采方式在地下较厚的盐层或盐丘中形成的人造地下洞穴,主要用于安全储存不溶解于盐的物质,是重要的战略物资储备方式。盐穴空间是非均质、非直视的三维空间,其大小和形状根据不同的地质条件而定。中国目前有关盐穴的研究方兴未艾,建立盐穴的三维模型对盐穴的开发利用及稳定性分析具有重要意义。

　　盐穴测量是盐穴三维建模的基础,获取较为准确的盐穴形体、表面积和体积数据是盐穴测量需要解决的主要问题之一。盐穴的体积、表面积是盐穴稳定性分析的重要参数,传统的盐穴体积及表面积计算方法是在二维图形的基础上进行近似计算,计算精度差。克服这一不足的方法是建立盐穴的三维模型,目前国内、国际上尚没有成熟的盐穴三维建模工具和方法。

　　本书以盐穴的测量数据为研究对象,从地质三维建模的角度,通过对盐穴测量方法、测量数据特点的分析,对盐穴三维表面模型、体数据模型的建模方法进行研究,力图建立一套较为完整的盐穴三维建模理论与方法体系。笔者使用 Kitware 公司的 ActiViz 可视化工具包及 C♯语言设计开发了盐穴测量数据的三维建模原型系统,根据实际盐穴测量数据建立了表面模型和体数据模型,应用此三维模型进行了表面积和体积的计算,并对结果进行了对比分析。

　　本研究得到了辽宁工程技术大学的马振和教授、宋卫东教授、徐爱功教授、孙劲光教授以及东北大学的车德福教授的指导;德国 SOCON 声呐盐穴测量公司的 Dr. Andreas Reitze、Mr. Frank Haβelkus、Mr. Andreas von der Heyde 给予了大量的帮助;在写作过程中,我的家人、同事和朋友给予了坚定的支持和鼓励;本书在研究过程中还借鉴了大量前人的研究成果,在此,对所有为本书出版做出过贡献的人们致以最真诚的感谢!

由于著者水平、学识有限,书中难免有不妥之处,恳请广大读者和专家予以批评指正。

著　者

2020 年 3 月

目　　录

第1章 绪 论

1.1 研究背景及意义

岩盐一般位于地下 50～1 700 m 处,其面积往往非常巨大,厚度一般在几十米到几百米之间,中国的盐岩资源较为丰富,有着广泛的分布,多为层状岩,将其保护层去除之后深度一般为 100 m 左右。1916 年 8 月,德国人获得了利用盐丘或盐层进行储藏的专利技术。在 20 世纪 50 年代初,该技术首先在美国得到应用,之后在 1959 年,苏联建成了世界上首个盐穴储气库。在高温或者高压条件下,岩盐可从脆性变为塑性,盐晶体在潮湿状态下可弯曲,由于岩盐的毛细孔在长期外力的作用下会因塑性变形而导致闭塞,所以地下深处岩盐的孔隙率和渗透率接近为零,这令岩盐具有良好的液密性和气密性。

盐穴具有体积巨大、稳定安全的特性,主要用于储存不溶解于盐的液态和气态烃等物质,盐穴的开发利用为一个国家进行战略性储备提供了理想的存储空间。由于岩盐与石油等油品接触时,岩盐不会与油品产生化学反应而被溶解,油品的品质也不会被改变,所以盐穴是一种理想的储油库。石油的战略储备一般为 30～60 d,多则可达 90 d,因此需要庞大的存储空间,金属油罐作为储油的基本手段面临设施不足的问题,所以很多国家注意到了利用盐穴作为储油库的技术。另外,盐穴作为储气库可以很好地解决用气量变化时的供气调节问题,用气高峰时可随时抽出盐穴内储存的气体补充供气,用气低峰时多余气量可在盐穴储气系统中储存。基于这些优势,盐穴作为一种新型、高效的储存设施在各个国家得到迅速推广,尤其在美国起步较早,目前其已拥有数百座地下盐穴储库。另外,德国也有近百座盐穴得到开发,并保持持续增长的趋势。

在中国,由于对盐穴的研究起步较晚,初期并没有设计将其作为石油或天然气储库,所以在中国对盐穴的开发利用仍有巨大的前景,如果这些盐穴能够得到充分的利用,将对中国具有重大的经济及战略意义。1999 年,中国开始对盐穴储气库建设进行研究,初期主要是对国内的盐矿进行调查和评估。2001 年 1 月,在江苏金坛启动了建设天然气地下储气库工程的研究项目,选定江苏金坛作为国内首个盐穴储气库的建库地址,2005 年 4 月完成了西气东输金坛地下储气库建设工程的初步设计,2006 年 8 月完成了金坛第一批 15 口新井的钻井施工作业,2005 年 1 月金资井首先开始造腔作业,第一批储气库井 2010 年完成造腔,形成了约 3.8×10^4 m³ 的调峰能力。金坛盐穴储气库已经成为中国乃至亚洲第一个盐穴储气库[1-7]。截至 2016 年年底,我国运行的储气库总工作气量为 63 亿 m³,占当年年度天然气消费量的 3%,与世界平均水平 11% 还有很大差距。截至 2019 年,我国有 11 个地下储气库群共计 25 座储气库[8]。

盐穴的综合利用对盐穴的形状、稳定性、安全性等方面提出了很高的要求,这就需要对盐穴的选址、造腔及运行的过程进行多方面的研究。目前国内在盐穴方面的研究方兴未艾。屈丹安等[9]、王同涛等[10]、李银平等[11]、孔君凤等[12]、李郎平等[13]研究了盐穴储气库地表沉降的问题。罗金恒等[14]、谢丽华等[15]、井文君等[16]、陈结[17]研究了储气库风险评估方法和控制措施等安全问题。黄耀琴等[18]、肖学兰[19]、井文君等[20]、郭彬等[21]、赵帅等[22]、武魏楠等[23]研究了盐穴储气库及储油库的可行性评价、选址、建库关键技术等问题。李国韬等[24]、李浩然等[25]、王同涛等[26]研究了盐穴储气库各个盐穴之间的矿柱稳定性分析问题。丁国生、谢萍[27-28]研究了储气库库容计算以及运行数值模拟技术。魏东吼等[29]、徐爱功等[30]对盐穴储气库的测量问题进行了研究。辛梓瑞等[31]研究了盐穴储气库的三维建模问题。

目前,在盐穴的各项研究中,对盐穴三维建模流程、方法以及应用实践的研究还处于初级阶段,没有形成系统、完整的体系。在现有的盐穴热力学计算分析中,主要采用圆柱体的表面积来近似替代盐穴的表面积,而实际盐穴的表面形状是非常复杂的,用圆柱体表面积替代盐穴表面积会产生较大的误差,对盐穴的稳定性运行分析有较大的影响。在计算盐穴的体积方面,目前采用的计算方式是对盐穴的每一层测量数据进行面积计算之后,再用台体体积公式进行近似计算,该方式效率较低,精度较差。

综上所述,准确、高效地建立盐穴三维模型对盐穴的研究、运营和安全分析等方面具有重大意义,主要体现在如下几个方面:

(1)建立盐穴的三维模型有利于对盐穴进行形象、方便的观察与分析,为盐穴矿区的后期数据处理、矿图的绘制提供便利。

(2)建立盐穴的三维表面模型可以对盐穴的表面积进行更准确的计算。

表面积在盐穴储气库的热力学计算中是一个非常重要的参数,可以用来计算盐穴储气、输气时进行热交换的情况。

(3)建立盐穴的体数据模型可以对盐穴的体积进行比较精确的计算,为盐穴的运营提供更为准确的依据。

(4)建立盐穴的体数据模型便于对盐穴的各个部分进行布尔运算和拓扑运算。例如,对同一个盐穴不同时期的测量数据求重叠部分、差异部分等。通过对差异部分的分析可以判断盐穴不同部位的溶解速度,从而有利于对盐穴的溶腔过程进行控制,进而控制盐穴的形状,而盐穴的形状对盐穴的安全、稳定运行至关重要。

(5)建立盐穴三维模型可以对盐穴进行各种剖面计算,可以导出矿图所需的元素,如最大投影边界、盐穴群的各盐穴间最小距离等,这些数据是对盐穴进行岩石力学计算的重要参数,而岩石力学计算与盐穴的稳定性分析、盐穴的运营及安全密切相关。

1.2　国内外研究现状

1.2.1　三维空间数据模型

有关三维建模的理论与技术的研究从 20 世纪 80 年代开始起步,随着其应用范围的逐步拓展,建模理论和技术也得到了飞速发展。加拿大新布朗斯维克大学在 1987 年研究开发了最早的三维地理信息系统(GIS,Geographic Information System)原型系统,其首先应用于矿产资源的开采与评估[32]。传统的分析方法基本是以点、线、剖面等为基础进行地质构造、地层规律和矿产资源富集情况推算和预测的[33]。随着各种应用系统在深度和广度上的不断深化与拓展,传统的二维模型已经不能满足需要,对三维模型的要求也日益提高,因此三维建模及其相关技术的研究逐渐成为国际上的研究热点之一[34-36]。三维建模的基础是空间分割原理,即所有复杂的几何形状都可拆分为有限个简单的几何形状,如可以用一系列三角形来逼近一个曲面等。由此可见,三维建模的关键是对空间对象进行详细的三维表达,从而精确掌握其几何形状数据及相互关系。

对于空间数据模型,国内外学者给出了不同的解释,王家耀[37]院士提出地理数据模型是建立 GIS 的逻辑模型,也称之为 GIS 的空间数据模型。邬伦等[38]认为空间数据模型是空间数据建模的基础,空间数据模型提供了设计空间数据库和描述空间数据组织的基本方法。

在过去的几十年中,围绕三维空间数据模型,国内外学者进行了较为系统深入的研究,根据不同的空间建模方法提出了许多种适用于不同应用场景的三维空间数据模型的理论和方法。

Franklin(富兰克林)在 Douglas(道格拉斯)和 Peucker(普克)的指导下实现了 GIS 领域的第一个不规则三角网(TIN,Triangulated Irregular Network)算法程序。罗切斯特大学的 Voeleker 和 Requicha[39] 提出了结构实体几何(CSG,Constructive Solid Geometry)模型的基本概念。CSG 方法采用的是框架结构,是由一系列的几何对象,如立方体、圆柱体、圆锥体、球体等通过集合论的正则布尔运算(并、交、差等)构造复杂三维对象的表示方法。Molenaar[40] 在研究矢量地图时研究了由节点、弧、边和面四种基元构成的 3D FDS(3D Formal Data Structure)数据模型。Carlson[41] 提出了单纯形模型,采用了点、线、三角形、四面体四种基元。在此基础上,Pilouk[42] 提出了四面体格网(TEN,Tetrahedral Network)模型。Penninga 和 Oosterom[43] 提出了约束 TEN 模型。Zlatanova[44] 提出了简化空间模型(SSM,Simplified Spatial Mode),该模型主要应用于查询和 WEB 访问方面,SSM 模型与 3D FDS 有些相似,但是简化了弧,只采用点、面两种基元。Abdul[45] 提出了节点、线、面三种基元的 3D TIN(3D Triangulated Irregular Network)模型。Coors[46] 提出了城市数据模型(UDM,Urban Data Model),该模型与 SSM 模型有些类似,只采用点和三角形面来作为基本元素,主要用于城市可视化方面。Shi 等[47] 提出了面向对象的数据模型(OODM,Object Oriented Data Model),采用节点、线段、三角形三种基元,该模型同样主要用于城市可视化方面。Costamagna 等[48] 提出了八叉树(Octree)模型。Houlding[49-50] 研究了地质建模的规则网格、非规则网格、体和断面等数据结构,提出了实体模型(Solid Model)理论。程朋根等[51]、张煜等[52] 研究了三棱柱/似三棱柱(TP/STP,Tri-Prism/Similar Tri-Prism)模型。Wu(吴立新)[53] 提出了广义三棱柱 GTP(Generalized Tri-Prism)模型,采用上下不一定平行的三棱柱来进行数据表达。李清泉[54] 在混合数据模型方面提出结合不规则三角形格网与结构实体几何的混合数据模型,采用点、线、三角形为基元,主要应用于三维城市模型。李德仁、李清泉[55-57] 共同分析了空间数据的维数及其表示,讨论了三维地理信息系统中两类不同的空间数据结构,即基于表面表示的数据结构和基于体表示的数据结构,分析了边界表示(B-Rep,Boundary Representation)、结构实体几何法(CSG)、非均匀有理 B 样条(NURBS,Non-Uniform Rational Basis Spline)、八叉树(Octree)和四面体(TEN)等空间数据结构的特点和应用,提

出了八叉树和四面体格网（Octree＋TEN）的混合数据结构。Shi（史文中）[58]
研究了不规则三角网与八叉树的混合数据模型（TIN-Octree），在三维城市模
型和地质建模领域多有应用。

相关领域的学者对三维空间数据模型的研究远远超过了这十几种，以上
提到的这些理论代表了目前三维空间数据模型的主流方向。国内外学者对这
些理论进行了分类总结，从数据存储结构角度看，可以归纳为栅格数据模型、
矢量数据模型和栅格矢量一体化数据模型[59]；从表示方法来看，目前各学者
提出来的建模方法也有几种不同的分类，这里采取杨东来等[60]的提法，主要
将其归纳为面模型、体模型和混合模型，见表 1-1。

表 1-1　三维空间模型分类

面模型	体模型-规则体元	体模型-不规则体元	混合模型
不规则三角网（TIN）	结构实体几何（CSG）	实体（Solid）	TIN-CSG 混合
格网（Grid）	规则块体 （Regular Block）	金字塔（Pyramid）	TIN-Octree 混合
边界表示模型（B-Rep）	八叉树（Octree）	四面体格网（TEN）	Wireframe-Block 混合
线框（Wireframe）或相连切片（Linked Slices）	体素（Voxel）	三棱柱（TP）及广义三棱柱（GTP）	Octree-TEN 混合
断面（Section）	针体（Needle）	地质细胞（Geocellular）	GTP-TEN 混合
断面-三角网（Section-TIN 混合）		3D Voronoi 图	
多层 DEM			

（1）面模型

在机械制造等领域，实体造型方法可以应用得很好，但是实体造型方法由
于地质形状的高度复杂性而使其很难适应地下建模[61-62]。面模型构建方法
重在对空间对象进行三维描述，如空间对象的轮廓、框架等。空间对象表面可
能为封闭表面或非封闭表面。针对封闭表面及外部轮廓的表面模拟，边界表
示模型和线框模型比较常用；针对非封闭表面，多用基于采样点的 TIN 模型
或基于内插的 Grid 模型模拟。在地质建模方面，断面模型、断面-三角网混合
模型及多层数字高程模型（DEM，Digital Elevation Model）应用较多。对空间
对象轮廓进行表面描述，为空间对象的三维数据更新和显示提供了极大的便

利,但是在空间数据查询及分析方面仍存在不足。

① TIN 和 Grid 模型

面的建模方式有多种,普遍采用的是根据实际采样点来构造 TIN 模型。该方法是通过对散乱数据点集实现三角剖分,进而生成三角面片网,该三角面片网连续并且相互不重合,以此来表达空间对象表面。另外一种比较常用的是 Gird 模型,该模型克服了采样密度分布不均匀的缺点,利用投影技术使建模对象在平面投影,再利用内插方式获得各网点属性值,进而生成较规则的平面分割网格。TIN 及 Gird 建模方法多在地形表面建模方面应用,在层状矿床也有所应用,对此通常采用先生成岩层接触界面,然后通过算术、逻辑运算,根据各岩层之间的关系(如截割、错切等)进行修剪、优先级次序覆盖等来精确修饰。

② 边界表示(B-Rep)模型

边界表示模型是基于曲面的表示方法,由于所有形体都具有边界,则可以通过以下要素对其进行位置及形状的界定,即点、边、环和面,此处的边可以分为空间曲线和平面曲线。以一个四面体为例,对其定义可以包括:两端点连成一条边,三条边构成一个环,四个环对应四个面,四个面组成该四面体。比较常用的表示方法是采用不同的表来分别记录点、边、面的信息,表与表之间由指针关联,表中对所要描述形体的拓扑关系、几何要素等信息进行详细的记载,为后续的各种几何运算和操作奠定基础。该方法虽然在表述结构简单的三维物体时效果较好,但对于形状不规则的复杂物体则很不方便,效率低下。

③ 线框(Wireframe)模型

线框模型利用约束线将目标轮廓上的一系列采样点或特征点进行连接,以表达地质体的轮廓、提供准确的地质体边界的空间描述,通过建立一系列足够密度的多边形来刻画研究对象的形态和拓扑特征。某些系统则以 TIN 来填充线框表面,如 Datamine 模型的基本几何元素包括点和线,当特征点沿环线分布时,其所连成的线框模型也称为连续切片模型。

④ 断面(Section)模型

断面建模方法的特点是将三维问题二维化,也就是利用平面或者剖面图对矿床进行表达,其具有描述方便、实用的优点,但该方法在地质体的描述上仍有很大欠缺,尤其是对三维物体内部构造及体的描述并不理想,通常必须结合其他方法实现建模。

⑤ 断面-三角网混合模型

该方法是将 Section 模型与 TIN 模型相结合,其原理是将一组具有特定含义的地质界线表述成二维剖面形式,使每条界线具有特定属性值,利用 TIN 方法将相邻剖面构造出所需的三维曲面。具体来讲,首先需要对各个剖面进行人为加工处理,甄别出合理剖面,然后对各个剖面界线进行赋值处理,最后对两个相邻剖面根据属性进行三角面片的连接,得到该空间物体的三维模型。

⑥ 多层 DEM 模型

多层 DEM 模型具有直观、准确的优点。根据地层的岩性,一般可将其分为若干单层,对各层的数据插值分析,再对多层 DEM 进行划分处理,进而得到该地层的三维模型,之后在其中添加、完善其他地质现象,最终实现对该地下空间的剖分。

(2) 体模型

体模型技术是建立在三维空间体元分割基础上的,将研究区域分割成为有限个体元个体,每个体元的属性都可以独立描述和存储,这样易于描述对象的内部结构和属性特征,便于空间的操作及分析。体元根据不同标准可以有多种分类。若以规则性为标准,体元可以分为规则体元(如 Regular Block、Needle、Octree 和 CSG 等,Voxel 体元为其典型代表)和不规则体元(如 GTP、TEN、TP、Solid、Geocellular、3D Voronoi、Pyramid 等);若按体元面数为标准进行分类,可分为多面体、六面体、棱柱体和四面体等类型。对部分体模型具体分析如下:

① CSG 模型

CSG 模型中物体的形状定义以集合论为基础,先定义集合本身,其次是集合之间的运算。CSG 采用树形结构来表示一个复杂对象,称为 CSG 树。CSG 树的每个叶节点对应于一个几何对象并记录几何对象的基本参数,中间节点为正则集合运算,根节点有一个对象名,对应为被建模的物体。CSG 通过将简单的几何形状进行集合操作,形成复杂的空间几何形状。CSG 树记录了形体的生成过程,对于修改形体形状比较容易。CSG 在计算机辅助设计、计算机辅助制造等领域获得了广泛的应用,形成了产业规模,其优点是数据结构比较简单、信息量小、便于管理。Williams 等[63]延伸了 CSG 的表达,提出构造性非正则几何理论,用来描述非流形对象,并引入拓扑学相关概念到CSG 中。该建模方法在描述简单的三维物体时比较有效,但对于复杂地质体描述不方便,效率较低。

② Voxel 模型

3D 体素(Voxel)模型又称为 3D Array 模型。它将三维空间中的实体对象划分为大小相等的立方体阵列,其实质是二维空间中的 Grid 模型在三维空间的扩展。每个体素用二值化的 0 和 1 代表占据和未占据。该模型具有结构简单、位置隐含和易于实现的优点,对体内的不均性具有一定的表达能力,容易计算实体的整体性质,如质量、体积等,但其表达空间对象时数据量较大,且无法体现出空间对象相互之间的空间关系。

③ 八叉树(Octree)模型

八叉树模型实质是由四叉树在三维空间上拓展而来的,近年来八叉树理论在三维地学当中应用越来越广泛。八叉树是对物体的一种空间分割方法,其以各种大小的立方体代表空间物体,各个立方体称为该八叉树的一个节点,表示空间的一个区域,而根节点则表示整个物体空间。若根节点单一,则其代表整个物体;若不单一,则继续从 3 个方向将其分割为 8 个子立方体,如此循环直至每个叶节点为单一或等于最低分辨率。

八叉树方法的优点是可以有效地节省存储空间,根据其编码的区域性可更简便地实现物体之间的集合运算,并且有利于发挥其分层性、有序性的特点,使模型的显示更为有效。但八叉树方法也有缺点,即其分辨率对显示对象的精度会产生限制,同时其几何变换也难以实现。

④ 规则块体(Regular Block)模型

规则块体模型是一种传统的地质建模方法,它将要建模的空间划分成规则的 3D 立方网格(称为块体),把每个块体视作均质同性体,通过克里金插值、距离加权插值等方法来确定其品位和质量等参数。该模型结构简单,规律性强,但不能精确模拟矿体边界。

⑤ 四面体格网(TEN)模型

TEN 是一种由点、线、面和体几个要素所构成的一种空间对象表达方式,它所构成的三维模型很好地体现了体结构的特性,可以高效地实现几何变换及显示。它实质上是将空间对象利用 TIN 方法在 3D 空间实现四面体剖分,整个空间对象由紧密结合但不重叠的一系列四面体构成。其在目标体结构表述上虽然具有优势,但是对空间对象的表面及线状表达欠缺。

⑥ 金字塔(Pyramid)模型

金字塔模型类似于 TEN 模型,其数据维护和模型更新困难,较少采用。

⑦ 地质细胞(Geocellular)模型

地质细胞模型实质上是体素模型的变形,对体素在 z 轴方向上依据地层界面的变化进行划分,其优点是在 z 轴方向上能根据对象的特征改变,缺点是数据处理较慢,主要应用于地质建模。

⑧ 三棱柱(TP)及广义三棱柱(GTP)

三棱柱与数学意义上的三棱柱相同,上、下两个三角形平面平行,三条棱边垂直于底部三角平面。广义三棱柱则上、下两个三角形面一般不平行,其在表达复杂地质构造时,三棱柱体往往会有变形。二者都是以三棱柱作为体元来表达空间实体,适于对层状地质对象进行三维建模。

⑨ 3D Voronoi 图

3D Voronoi 图是将空间对象各元素根据最近性及邻接性划分为各个区域,从而使空间对象表达为一系列面的连续集合,它对空间对象的三维方向关系计算较为适宜。

(3) 混合模型

上述每种表示方法都有其自身的优点和不足,混合建模方法则是将上述的各种方法有机结合,取长补短。对于三维空间实体的表面表示,如地质层面、地形表面等方面来说,面模型表现较好,可以较为方便地进行显示和数据更新,但是难以进行空间分析。对于三维空间实体的内部表示,如矿体、水体、地层、建筑物等,为便于进行空间操作和分析,采用体模型的建模方法较好,但体模型的计算速度较慢,需要的存储空间较大。混合模型目的是结合面模型、体模型的优点,使其相互补充,主要有以下几种混合模型:

① TIN-CSG 混合模型

TIN-CSG 混合建模方式使用 TIN 来对地形表面进行表示,而对地面的建筑物等采用 CSG 方法来进行表示,是在城市三维 GIS 和三维城市模型(3DCM)建模方面广泛使用的一种方式。二者在建模时互为约束,在用户界面中将其显示集成在一起,每个目标只由一种模型(TIN/CSG)来表示,分开进行操作和显示,用公共边界连接,其实质是一种表面上的集成方式。

② TIN-Octree 混合模型

该建模方法是一种面、体结合的空间对象表达方式,是通过 TIN 方式表达物体表面、Octree 方式表达对象内部结构的一种建模方法。在 TIN 和 Octree 之间采用指针来建立相互联系。其集中了 TIN 表达拓扑关系和可视化的优点以及 Octree 空间操作和分析的优点,可以充分利用可视化中的光线跟踪、映射等技术,但是该方法数据维护比较困难,必须保证 TIN 与 Octree 模型数据的一致性,否则会引起混乱。

③ Wireframe-Block 混合模型

Wireframe-Block 混合建模是对目标的轮廓、地质边界等采用 Wireframe 模型来表达表面特征和形状,对内部采用 Block 模型进行填充的一种建模方式。可以通过对 Block 进行细分来提高边界区域的模拟精度,例如可以用三角面与块体的夹角来确定对块体的细分次数，将块体进行分裂。由于该模型每次边界变化都需要对块体进行进一步的分割，所以效率不高。

④ Octree-TEN 混合模型

为了充分发挥 Octree 结构和四面体网格两种数据结构的优点，李德仁院士提出了 Octree-TEN 混合模型。对于八叉树模型来说，实际是对空间对象的一个近似表示，一般并不保留原始的采样数据，而 TEN 对复杂的空间拓扑关系表达能力较强，能够精确表示目标，且可以保留原始观测数据。在水文、大气、海洋、地质等一些特殊领域，通过单一的模型往往难以满足要求，此时可以将二者有机结合，综合两种模型的优点。例如，对断层的地质构造描述时，因为断层两侧的地质属性并不一定相同，需要描述得比较精确，这时可结合八叉树及四面体网格两种方法分别对地质体进行整体及断层局部描述，前者做整体描述，后者做断层局部描述，从而达到较好的效果。Octree-TEN 混合模型的缺点是难以建立实体间的拓扑关系。

⑤ GTP-TEN 混合模型

该方法在广义三棱柱模型中引入了四面体这个几何元素，首先对地层的形态描述采用 GTP 方法，然后对 GTP 和形体内部的几何与属性信息采用四面体进行描述。对于任意一个 GTP 来说，可以将其分为 3 个四面体，剖分原则为：从 GTP 上的任意一个顶点开始，将其与同一侧面对角的顶点连接，并以此对角顶点作为起始点，继续与同一侧面的对角顶点连接，重复此步骤，形成三条对角线，这三条对角线将 GTP 划分为 3 个四面体。

综上所述，各种模型有各自的优缺点及侧重点，各地质对象自身及分布有不同特点，其模型的选择不能一概而论，选择合适的空间数据模型取决于我们要表示的空间对象的类型、结构、聚集性和复杂程度，需要结合计算机图形及图像处理技术、科学可视化、数据挖掘、虚拟现实、勘探地质学、数学地质、地球物理、GIS 和遥感等领域的研究成果并加以综合利用[64-67]，进一步完善和充实。

1.2.2　表面重建方法

表面重建问题是一项非常具有挑战性的问题，也是一类在计算机图形学领域研究的热点问题，这类问题往往是病态的，没有一个放之四海而皆准的解决方法[68]。此类问题输入的是一组描述三维形体对象形状或拓扑结构的采样点，表面重建算法将这些采样点形成一个三维模型，在三维应用程序中这些算法发挥着重要的作用。例如，在逆向工程生成三维模型、在地质和科学计算可视化中应用等。Wang 等[69]、Burke 等[70]利用激光扫描仪生成三维点云，经过表面重建生成三维模型,其中很多类方法是通过构造几何数据结构,如点集的 Delaunay 三角剖分等方式来对多面体的表面进行模拟。Boissonnat[71]提出采用 Delaunay 三角剖分的方法来对表面进行模拟。Edelsbrunner 等[72]提出了 Alpha Shape 方法,通过在采样点上定义一个半径为 α 的球,对在球内的采样点进行 Delaunay 三角剖分,通过这样的一种降低复杂度的方式来进行表面重建。对于 α 的选取,Teichmann 等[73]、Melkemi[74]、Xu 等[75]提出了通过采样点密度进行确定的方法,但是目前还没有比较好的解决方案。Amenta 等[76]和 Bern 等[77]提出了第一个有理论保障的表面重建算法,在此算法理论基础上,出现了各种对 Delaunay/Voronoi 算法的扩展算法,如 Cocone[78]、Tight Cocone[79]、Robust Cocone[80]和 Power Crust[81-82]等,这类算法在表面采样点足够密集,并且没有噪点或有较少噪点的情况下能够产生一个较好的效果。

同时,还有各类基于剖面的表面重建算法被提出,如 Fuchs 等[83]提出的最小表面积法,Keppel[84]提出的最大体积法,等等。Fuchs 等[83]提出了对单个轮廓线的三角剖分问题。Barequet 等[85]提出了一种使用在医学图像的切片之间的线性插值方法。Bajaj 等[86]在处理轮廓线的拓扑不一致问题时,采用了在三角剖分中加入拓扑约束条件的方法进行表面重构。Oliva 等[87]针对多分支、孔洞和其他一些特殊问题,在使用 Voronoi 图的方法来构造拓扑正确的表面方法上进行了有益的尝试。Fujimura 等[88]针对轮廓线的分支问题,提出在两个轮廓线之间的分叉部分引入一个中间平面,使其分别对应于不同轮廓线的方法来解决拓扑问题。Wang 等[89]采用了二维 Delaunay 三角网方法来进行轮廓线的表面重构。Nilsson 等[90]采用轮廓变形技术来实现重构算法。得克萨斯大学奥斯汀分校的 Edwards 等[91]研究了多个物体平行交叉平面的空间拓扑关系校正问题,提出了一种用几何方法来处理这种交叉关系的算法。Liu 等[92]研究了从非平行轮廓线重建曲面的问题。

另外,许多基于微分几何以及弹性膜表面等原理的算法也被人们提出来。Kass 等[93]提出了能量最小化的 Snake 模型,采用轮廓逐渐变形的技术来进行表面重建。Turk 等[94]采用了径向基函数来生成表面数据,能够自然地处理多分支问题,但是对于处理几何表面问题没有提出比较好的解决方案,虽然 Liu 等[92]采用几何方法计算面片的拓扑位置关系来弥补这一点,但计算比较复杂。Claisse 等[95]提出了一个从采样点数据重构规则表面的非线性偏微分方程模型,并给出了在非结构化网格上求解非线性水平集方程的数值解法。Marcon 等[96]提出了一种基于隐式体积随时间演化的算法来从无组织的点云中重建三维表面的方法,体积的演化边界就是三维表面。Yoshihara 等[97]提出了一种从点云数据中产生四边形网格、克拉克细分曲面和 B-Spline 曲面的算法,该算法采用一种鲁棒的水平集算法来获取点云数据的拓扑关系,然后采用几何迭代的方法来生成克拉克曲面。Hajihashemi 等[98]研究了水平集重构算法的并行计算问题。

1.2.3　盐穴三维建模

目前关于盐穴三维建模的方法主要可以借鉴地质三维建模和逆向工程中表面重建领域的相关理论及方法。地质三维建模研究主要集中于地表和层状地质体领域,表面重建方法研究主要集中于断层扫描、点云重建等领域。盐穴作为一种特殊的地质现象有其自身的三维建模特点:

① 数据组织形态及密度不同。地质三维建模侧重范围较大的地质现象,其数据覆盖范围大,数据一般以钻孔形式组织,数据点密度小但数据量较大。表面重建方法数据点以散乱点云或层状扫描数据存在,数据密度高。盐穴的测量数据一般以剖面线形式组织,数据点密度低于点云、高于一般的地质三维数据密度。

② 盐穴是采用水溶开采方式形成的腔体,其开采方式决定了其必然是一个连通体,而地质三维重建则没有此要求。

③ 盐穴形态一般为非凸多面体,但复杂程度有限。盐穴的测量方法决定了盐穴测量得到的数据点与测量仪器所在的中轴线之间必然要满足通视条件,这实际上限制了其形状的复杂程度。

④ 盐穴三维建模要求可以求解表面积和体积。一般地质建模主要关注其矿藏分布及储量等,对表面积关注较少。

盐穴三维建模的这些特点决定了其与一般地质建模及表面重建方法的不同,目前在盐穴三维建模方面采用的建模方法主要有三种:

（1）德国人 Maas[99]在他的博士论文中提到了采用 NURBS 曲面来进行盐穴的表面模拟,这种逼近在复杂的情况下会产生较大的扭曲。其局部建模结果如图 1-1 所示。

图 1-1　Maas 对盐穴进行 NURBS 模拟结果

（2）辛梓瑞等[31]利用可视化工具包（VTK，Visualization ToolKit），使用 Delaunay 三角剖分的方法来进行表面建模，采用的是 Lawson 的逐点插入法建立三角网，首先建立一个包含所有数据点的初始三角形，然后逐一将剩余的数据点插入，用本地优化算法（LOP，Local Optimization Procedure）确保其成为 Delaunay 三角网。这种方法只能对凸多面体进行建模，对盐穴表面的凹凸不平没有提出比较好的解决方法。其建模的结果如图 1-2 所示。

图 1-2　Delaunay 方法表面建模结果

（3）工程现场为了直观地显示盐穴的形状，目前常使用的是一种对垂直剖面线进行 N 等分的建模方法。这种方法首先将盐穴测量数据的每条垂直剖面线按照相等的间隔进行 N 等分（$N=100$），按顺序将每个点编号为 1～100，然后将相邻的垂直剖面线上编号对应的点连接成为四边形，最后连接四边形的对角线成为三角网[100]。这种方法计算、显示较快，但是因为改变了测量数据的空间位置，丢失了大量的测量信息，所以只能用来显示盐穴大体的形状，不能用来进行体积和表面积计算。其建模效果如图 1-3 所示。

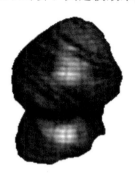

图 1-3　N 等分法建模结果

以上三种方法均对盐穴表面进行了模拟，但是由于其建模结果扭曲过大或形变过大,所以只能用于对盐穴形状的直观展示,并不能进行表面积和体积的计算;另外,没有探讨从盐穴外部延伸进入盐穴内部的岩石体建模问题,没有对盐穴数据进行体数据建模。

1.3 研究内容和技术路线

1.3.1 研究内容

本书以盐穴测量数据为研究对象,对现有的三维建模基本理论进行了总结。前人根据各自研究领域的应用特点提出了许多具有重要价值的建模理论,对其进行回顾、总结,有利于研究更适于盐穴的三维建模方法。通过对盐穴测量方法、测量数据特点的分析,研究建立盐穴的三维表面模型、体数据模型的方法,形成一套较为完整的盐穴三维建模理论与方法体系,为后续应用三维模型进行盐穴表面积、体积和剖面分析等提供计算基础。

盐穴三维建模集合了若干理论、方法与技术,主要涉及测量数据的处理、三维空间数据模型、几何造型、数据管理及可视化等方面。其一般的建模流程为:首先进行盐穴测量获取原始数据,然后对数据进行预处理,最后对其建立表面模型和体数据模型。建立盐穴三维模型,包括表面模型和体数据模型,可以采用两种途径:一种途径是先对其进行表面重建,建立表面模型,然后对表面模型进行体素化,建立体数据模型;另一种途径是对预处理后的数据进行空间插值,以建立体数据模型,然后通过等值面抽取求得表面模型。在此过程中需要解决的关键问题包括:

(1)盐穴测量数据预处理问题

由于受到目前盐穴测量技术手段的限制,通过盐穴测量获取的数据较为分散,且测量过程中可能存在数据人工解释失误,所以在使用测量数据时首先需要对数据进行预处理,因此,需要探索适合于盐穴数据特点的预处理方法。

(2)盐穴表面模型建模问题

目前有很多建立面模型的方法,如 Delaunay 三角网方法、剖面线建模方法、三维点云的建模方法等,但在实际应用中还有很多局限,虽然可以使用人机交互式的建模方法来进行,但工作量较大,且对专业技术水平要求较高,因此,研究可行的表面模型建模方法至关重要。

(3)盐穴体数据建模问题

传统的盐穴体积计算方式是以二维剖面图为基础,以人工辅助来完成。建立体数据模型可以用于对盐穴体积的精确计算,目前类似的地质体建模方法尚没有在盐穴体数据建模方面有成熟的应用,因此,对其进行体数据建模方法的研究具有重要价值。

1.3.2 技术路线

根据收集的文献资料和现场实际,经过整理、分析和总结,从分析盐穴测量方法、测量数据入手,拟定了对盐穴数据进行预处理、建立盐穴三维表面模型、体数据模型的技术路线,如图 1-4 所示。

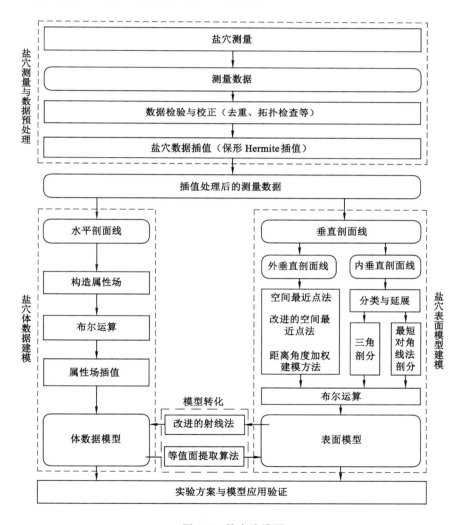

图 1-4 技术路线图

在对盐穴测量数据进行预处理阶段,建立了去重复点、去尖角点、拓扑结构检查、插值的预处理流程;在对预处理后的测量数据建立表面模型阶段,采用剖面线建模方式,对内垂直剖面线和外垂直剖面线分别建模,之后通过布尔运算建立成为一个完整的面模型;在对预处理后的测量数据建立体数据模型阶段,采用通过水平剖面线构造属性场的方法进行体数据生成。采用改进的射线法来实现从表面模型到体数据模型的转换;采用等值面绘制技术进行等值面的提取,实现从体数据模型到表面模型的转换。

最后,通过采用C♯语言开发了盐穴三维建模原型系统,对上述方法进行验证。

第 2 章　三维建模理论与算法

在对盐穴进行三维建模时常用的算法主要涉及插值算法、三角剖分算法、轮廓变形算法以及等值面抽取算法等,本章主要讨论了相关的几种空间插值算法、三角剖分中的 Delaunay 算法和轮廓变形中的水平集方法。

2.1　空间插值算法

对空间数据进行采集时,观测值的个数不可能是无限多个,有时需要获知感兴趣但又未观测的点的特征,例如求地面上任意一点的高程就是一个典型的插值问题。通常任意一种内插方法都是基于原始函数的连续光滑性,或者说邻近的数据点之间存在很大的相关性,这才可能由邻近的数据点内插出待定点的数据。

空间插值可依据其基本假设和数学本质分为几何方法、统计方法、空间统计方法、函数方法、随机模拟方法、物理模型模拟方法和综合方法。目前,克里金插值法、样条插值法、离散光滑插值法、多项式插值法、神经网络插值法、反距离插值法等都可用于地质三维建模,这些方法都有各自的理论模型和特点,但也有各自的局限性。例如,克里金法的求解速度依赖于理论模型的选取与参数调节;样条插值法在遇到不规则点疏密分布不均时,拟合函数会有较大起伏等[33]。本节对常用的空间插值算法进行研究。

2.1.1　多项式插值

已知函数 $y=f(x)$ 在区间 $[a,b]$ 上存在、连续,已知其在 $[a,b]$ 上有有限个不同的点 $x_0,x_1,\cdots,x_n$,其取值为 $y_0,y_1,\cdots,y_n$,构造函数 $y=P(x)$,要求 $P(x)$ 在点 $x_0,x_1,\cdots,x_n$ 上满足

$$P(x_i)=y_i \quad (i=0,1,\cdots,n) \tag{2-1}$$

若插值节点 $x_0,x_1,\cdots,x_n$ 互不相同,由插值条件式(2-1)可以构造唯一的一个次数不超过 n 的代数多项式

$$P_n(x)=a_0+a_1x+\cdots+a_nx^n \tag{2-2}$$

要满足条件式(2-1)的 n 次代数插值多项式 $P_n(x)$,实际是需要解 $n+1$ 个方程所组成的 $n+1$ 元方程组

$$\begin{cases} a_0 + a_1 x_0 + \cdots + a_n x_0^n = y_0 \\ a_0 + a_1 x_1 + \cdots + a_n x_1^n = y_1 \\ \qquad\qquad \cdots\cdots \\ a_0 + a_1 x_n + \cdots + a_n x_n^n = y_n \end{cases} \qquad (2\text{-}3)$$

这是以 $a_0, a_1, \cdots, a_n$ 为未知变量的线性方程组,由范德蒙行列式可知

$$\boldsymbol{D} = \begin{vmatrix} 1 & x_0 & \cdots & x_0^n \\ 1 & x_1 & \cdots & x_1^n \\ \vdots & \vdots & \ddots & \vdots \\ 1 & x_n & \cdots & x_n^n \end{vmatrix} = \prod_{0 \leqslant j < i \leqslant n} (x_i - x_j) \qquad (2\text{-}4)$$

由于点 x_i 互不相同,故 $\boldsymbol{D} \neq 0$,根据克莱姆法则,线性方程组存在唯一解 $a_0, a_1, \cdots, a_n$,亦即可以唯一确定一个 n 次多项式 $P_n(x)$ 满足条件式(2-1)。

当 n 较大时,解 $n+1$ 元线性方程组较为困难,实际上有基于拉格朗日多项式的简便的 n 次插值多项式

$$L_n(x) = \sum_{j=0}^{n} \left(\prod_{j \neq i}^{n} \frac{x - x_i}{x_j - x_i} \right) y_j \qquad (2\text{-}5)$$

当 n 取 2 时,$L_2(x)$ 为抛物线插值,即

$$L_2(x) = y_0 \frac{(x - x_1)(x - x_2)}{(x_0 - x_1)(x_0 - x_2)} + y_1 \frac{(x - x_0)(x - x_2)}{(x_1 - x_0)(x_1 - x_2)} +$$

$$y_2 \frac{(x - x_0)(x - x_1)}{(x_2 - x_0)(x_2 - x_1)} \qquad (2\text{-}6)$$

当多项式次数增高时,如果数据不具有多项式特性,则求出的曲线可能产生大的振荡,因此一般很少使用高阶多项式。

2.1.2 反距离加权插值

反距离加权插值(Inverse Distance Weighted,IDW)法是根据相近相似原理提出的,即若两个物体相距越近,则它们的性质就越相似,相距越远则越不相似。它是以插值点与样本点之间的距离作为权重进行加权平均的,样本点离插值点越近,被赋予的权重就越大。

反距离加权插值法的公式为

$$\hat{Z}(S_0) = \sum_{i=1}^{N} \lambda_i Z(S_i) \qquad (2\text{-}7)$$

式中,S_i 为已知样点;S_0 为待预测的点,$\hat{Z}(S_0)$ 为 S_0 处的预测值;$Z(S_i)$ 是在

S_i 处所获得的测量值；N 为预测计算的过程中将要使用的预测点周围样点的数量；λ_i 为预测计算过程中所使用的每个样本点的权重，该值随着预测点与样点之间距离的增加而减小。

确定权重的计算公式为

$$\lambda_i = \frac{d_{i0}^{-p}}{\sum\limits_{i=1}^{N} d_{i0}^{-p}}, \quad \sum_{i=1}^{N} \lambda_i = 1 \tag{2-8}$$

式中，d_{i0} 是要预测的点 S_0 和各个已知样点 S_i 之间的距离；p 为指数值。

样点在预测点值的过程中所占的权重大小会受到参数 p 的影响，即当采样点与预测点之间的距离变大时，采样点对预测点值的影响权重会按照指数规律减少。在预测点值的过程中，各个样点的值对预测点值的作用权重大小是成比例的，但是这些权重值的总和为 1。

反距离加权插值方法中幂指数的选择会对插值的结果产生很大的影响，一般情况下其幂指数值默认为 2，但是在计算过程中，当幂指数的值为 2 时最后的插值结果并不一定是最佳的。因此，幂指数值的选择要根据研究区域的具体情况而定。一般情况下，在插值点较少或者是数据缺乏的部分，应适当地提高幂指数的值以提高其模型的精度[101]。

反距离加权插值方法的优点是可以通过幂指数的值来调整空间插值的结构，算法直观且效率高，简单易行，可操作性很强。

反距离加权插值方法的缺点是它的计算值容易受数据点集的影响，从而使得计算的结果出现某点的值明显高于周围其他数据点的情况；此外，不合理的幂指数值会产生较大的误差[102]。

2.1.3　克里金插值

克里金（Kriging）法是以南非矿业工程师 Danie G.Krige 名字命名的一项实用空间估计技术。它是建立在半变差函数理论分析基础上的，是对有限区域内的区域化变量取值进行无偏最优估计的一种方法。用这种方法进行插值时，不仅考虑了待预测点与邻近样点数据的空间距离关系，还考虑了各参与预测的样点之间的位置关系，充分利用了各样点数据的空间分布结构特征，使其估计结果比传统方法更精确，更符合实际，更有效地避免了系统误差的出现。从统计意义上说，它是从变量相关性和变异性出发，在有限区域内对区域化变量的取值进行无偏、最优估计的一种方法；从插值角度讲它是对空间分布的数据求线性最优、无偏内插估计的一种方法。克里金法的适用条件是区域化变量存在空间相关性[103-104]。

能用其空间分布来表征一个自然现象的变量被称为区域化变量,该变量体现了某种空间属性的分布特征。区域化变量具有双重性,在观测前,它是一个随机场;在观测之后,它就是一个确定的空间点函数值。

区域化变量具有两个性质:

(1)随机性:区域化变量是一个随机函数,该变量具有局部性、随机性和难以预测性。

(2)结构性:该变量在空间上具有某种程度的相关性,这决定于分隔两点之间的距离和方向,即变量在点 x 的随机变量 $Z(x)$ 与偏离它 h 距离的点 $x+h$ 的随机变量 $Z(x+h)$ 具有某种程度的自相关性,这取决于距离 h 与变量特征。

区域化变量的例子很多,比如插值点的数量和插值点的密度,我们可以利用区域化变量的理论研究它们的空间结构和空间依赖性。

当区域化变量 $Z(x)$ 满足下列两个条件时,则称其为二阶平稳或弱平稳。

(1)在整个研究区内有 $Z(x)$ 的数学期望存在,且等于常数 m,即

$$E[Z(x)]=E[Z(x+h)]=m \tag{2-9}$$

上式表明随机函数在空间上的变化没有明显趋势,围绕 m 值上下波动。

(2)在整个研究区内,$Z(x)$ 的协方差函数存在且平稳(即只依赖于滞后 h,而与 x 无关),即

$$\begin{aligned}
\mathrm{Cov}\{Z(x),Z(x+h)\}&=E[Z(x)Z(x+h)]-E[Z(x)]E[Z(x+h)]\\
&=E[Z(x)Z(x+h)]-m^2=c(h)
\end{aligned} \tag{2-10}$$

上式表明协方差不依赖于空间绝对位置,而依赖于相对位置,即具有空间的平稳不变性。

当区域化变量 $Z(x)$ 的增量 $[Z(x)-Z(x+h)]$ 满足下列两个条件时,称其为满足本征假设或内蕴假设:

(1)在整个研究区域内有 $[Z(x)-Z(x+h)]=0$。

(2)增量 $[Z(x)-Z(x+h)]$ 的变差函数(变异函数)存在且平稳(即不依赖于 x),即

$$\begin{aligned}
\mathrm{Var}[Z(x)-Z(x+h)]&=E[Z(x)-Z(x+h)]^2-\{E[Z(x)-Z(x+h)]\}^2\\
&=E[Z(x)-Z(x+h)]^2=2\gamma(x,h)=2\gamma(h)
\end{aligned}$$

$$\tag{2-11}$$

首先假设区域化变量 $Z(x)$ 满足二阶平稳假设和本征假设,其数学期望为 m,协方差函数 $c(h)$ 及半变差函数 $\gamma(h)$ 存在,即

$$\begin{cases} E[Z(x)] = m \\ c(h) = E[Z(x) - Z(x+h)] - m^2 \\ \gamma(h) = \dfrac{1}{2} E[Z(x) - Z(x+h)]^2 \end{cases} \tag{2-12}$$

假设在待估计点 x 的邻域内共有 n 个实测点，即 $x_1, x_2, x_3, \cdots, x_n$，其样本值为 $Z(x_i)$，那么普通克里金法的插值公式为

$$Z^*(x) = \sum_{i=1}^{n} \lambda_i Z(x_i) \tag{2-13}$$

式中，λ_i 为权重系数，表示各空间样本点 x_i 处的观测值 $Z(x_i)$ 对估计值 $Z^*(x)$ 的贡献程度。

可见，克里金插值的关键就是计算权重系数 λ_i。显然，权重系数的求取必须满足无偏和最优两个条件：

(1) 使 $Z^*(x)$ 的估计是无偏的，即偏差的数学期望为零。

(2) 最优的，亦即使估计值 $Z^*(x)$ 和实际值 $Z(x_i)$ 之差的平方和最小。

为此，需要满足以下两个条件：

(1) 无偏性：应使 $Z^*(x)$ 成为 $Z(x_i)$ 的无偏估计量，即

$$E[Z^*(x)] = E[Z(x)] \tag{2-14}$$

当 $E[Z(x)] = m$ 时，也就是当 $E\left[\sum_{i=1}^{n} \lambda_i Z(x_i)\right] = \sum_{i=1}^{n} \lambda_i E[Z(x_i)] = m$ 时，则有

$$\sum_{i=1}^{n} \lambda_i = 1 \tag{2-15}$$

这时，$Z^*(x)$ 为 $Z(x_i)$ 的无偏估计量。

(2) 最优性：在满足无偏性条件下，估计方差

$$\sigma_E^2 = E[Z(x) - Z^*(x)]^2 = E\left[Z(x) - \sum_{i=1}^{n} \lambda_i Z(x_i)\right]^2 \tag{2-16}$$

使用协方差函数表达，它可以进一步写为

$$\sigma_E^2 = c(x, x) + \sum_{i=1}^{n} \sum_{j=1}^{n} \lambda_i \lambda_j c(x_i, x_j) + 2 \sum_{i=1}^{n} \lambda_i c(x_i, x) \tag{2-17}$$

为使估计方差最小，根据拉格朗日乘数原理，令

$$F = \sigma_E^2 - 2\mu \left(\sum_{i=1}^{n} \lambda_i - 1 \right) \tag{2-18}$$

求 F 对 λ_i 和 μ 的偏导数，并令其为 0，得方程组

$$\begin{cases} \dfrac{\partial F}{\partial \lambda_i} = 2\sum_{j=1}^{n} \lambda_j c(x_i, x_j) - 2c(x_i, x) - 2\mu = 0 \\ \dfrac{\partial F}{\partial \mu} = -2(\sum_{i=1}^{n} \lambda_i - 1) = 0 \end{cases} \tag{2-19}$$

整理后得

$$\begin{cases} \sum_{j=1}^{n} \lambda_j c(x_i, x_j) - \mu = c(x_i, x) \\ \sum_{i=1}^{n} \lambda_i = 1 \end{cases} \tag{2-20}$$

解线性方程组式(2-20),求出权重系数 λ_i 和拉格朗日系数 μ,代入式(2-17)可得克里金估计方差为

$$\sigma_E^2 = c(x, x) - \sum_{i=1}^{n} \lambda_i c(x_i, x) + \mu \tag{2-21}$$

上述过程也可以用矩阵形式表示,令

$$\boldsymbol{K} = \begin{bmatrix} c_{11} & c_{12} & \cdots & c_{1n} & 1 \\ c_{21} & c_{22} & \cdots & c_{2n} & 1 \\ \vdots & \vdots & \ddots & \vdots & \vdots \\ c_{n1} & c_{n2} & \cdots & c_{nn} & 1 \\ 1 & 1 & \cdots & 1 & 0 \end{bmatrix}, \quad \boldsymbol{\lambda} = \begin{bmatrix} \lambda_1 \\ \lambda_2 \\ \vdots \\ \lambda_n \\ -\mu \end{bmatrix}, \quad \boldsymbol{D} = \begin{bmatrix} c(x_1, x) \\ c(x_2, x) \\ \vdots \\ c(x_n, x) \\ 1 \end{bmatrix}$$

$$\tag{2-22}$$

则普通克里金方程组可写为

$$\boldsymbol{K\lambda} = \boldsymbol{D}$$
$$\boldsymbol{\lambda} = \boldsymbol{K}^{-1}\boldsymbol{D} \tag{2-23}$$

其估计方差为

$$\sigma_K^2 = c(x, x) - \boldsymbol{\lambda}^{\mathrm{T}}\boldsymbol{D} \tag{2-24}$$

在变差函数存在的条件下,根据协方差与变差函数的关系 $\gamma(h) = c(0) - c(h)$,可以用变差函数表示普通克里金方程组和克里金估计方差,即

$$\begin{cases} \sum_{i,j=1}^{n} \lambda_j \gamma(x_i, x_j) + \mu = \gamma(x_i, x) \\ \sum_{i=1}^{n} \lambda_i = 1 \end{cases} \tag{2-25}$$

解线性方程组式(2-25),求出权重系数 λ_i 和拉格朗日系数 μ,代入式(2-17)可得克里金估计方差为

$$\sigma_K^2 = \sum_{i=1}^{n} \lambda_i \gamma(x_i, x) - \gamma(x, x) + \mu \tag{2-26}$$

也可以将克里金方程组和估计方差用变差函数写成上述矩阵形式,令

$$\boldsymbol{K} = \begin{bmatrix} \gamma_{11} & \gamma_{12} & \cdots & \gamma_{1n} & 1 \\ \gamma_{21} & \gamma_{22} & \cdots & \gamma_{2n} & 1 \\ \vdots & \vdots & \ddots & \vdots & \vdots \\ \gamma_{n1} & \gamma_{n2} & \cdots & \gamma_{nn} & 1 \\ 1 & 1 & \cdots & 1 & 0 \end{bmatrix}, \quad \boldsymbol{\lambda} = \begin{bmatrix} \lambda_1 \\ \lambda_2 \\ \vdots \\ \lambda_n \\ \mu \end{bmatrix}, \quad \boldsymbol{D} = \begin{bmatrix} \gamma(x_1, x) \\ \gamma(x_2, x) \\ \vdots \\ \gamma(x_n, x) \\ 1 \end{bmatrix}$$

$$\tag{2-27}$$

可得

$$\boldsymbol{K\lambda} = \boldsymbol{D}$$
$$\boldsymbol{\lambda} = \boldsymbol{K}^{-1}\boldsymbol{D}$$
$$\sigma_K^2 = \boldsymbol{\lambda}^{\mathrm{T}}\boldsymbol{D} - \gamma(x, x) \tag{2-28}$$

在上述过程中,区域化变量 $Z(x)$ 的数学期望 $E[Z(x)] = m$ 可以是已知或未知的。如果 m 是已知常数,称为简单克里金法;如果 m 是未知常数,称为普通克里金法,均可根据上式计算权重系数和克里金估计量。

需要说明的是,变差函数是一个关于数据点的半变差值(或变异性)与数据点间距离的函数,根据观测数据计算出实验变差函数,可以拟合一个理论变差函数的模型。其一般过程是:根据计算出的实验变差函数画出散点图,然后在该图上拟合出一条光滑的曲线来表示变差函数。对变差函数的图形描述可得到一个数据点与其相邻数据点的空间相关关系图。它是描述区域化变量随机性和结构性特有的基本手段。

当间隔距离 $h = 0$ 时,$\gamma(0) = c_0$,该值称为块金值或块金方差,表现为在很短的距离内有较大的空间变异性。当变差函数随着间隔距离 h 的增大,从非零值达到一个相对稳定的常数时,该常数称为基台值 $c_0 + c$。基台值是系统或系统属性中最大的变异,变差函数达到基台值时的间隔距离 a 称为变程,其含义是指区域变化量在空间上具有相关性的范围。变程表示在 $h \geqslant a$ 以后,区域化变量 $Z(x)$ 空间相关性消失。块金值表示区域化变量在小于抽样尺度时非连续变异,由区域化变量的属性或测量误差决定。变差函数的理论模型有很多,其中最常用的模型有球状模型、指数模型、高斯模型和幂函数模型等。这里仅举例球状模型和指数模型。

(1) 球状模型:表示空间的相关性随距离的增大而各向同性地变小,距离大于一定的值后,空间相关性为 0。其公式为

$$\gamma(h) = \begin{cases} 0, & h = 0 \\ c_0 + c\left(\dfrac{3h}{2a} - \dfrac{h^3}{2a^3}\right), & 0 < h \leqslant a \\ c_0 + c, & h > a \end{cases} \qquad (2\text{-}29)$$

（2）指数模型：表示空间的相关性随距离的增大而呈指数的形式变小，当距离趋于无穷大时，相关性为 0。其公式为

$$\gamma(h) = \begin{cases} 0, & h = 0 \\ c_0 + c\left(1 - e^{-\frac{h}{a}}\right), & h > 0 \end{cases} \qquad (2\text{-}30)$$

克里金插值为局部估计方法，对估计值的整体空间相关性考虑不足，它保证了数据的估计局部最优，不能保证数据的总体最优，因此当测量点较少且分布不均时，可能会产生较大的估计误差。

随着克里金法向其他学科的渗透，形成了一些边缘学科，发展了一些新的克里金方法，如与分形的结合，发展了分形克里金法；与三角函数的结合，发展了三角克里金法；与模糊理论的结合，发展了模糊克里金法；等等。

2.1.4　径向基函数神经网络插值

1985 年，Powell（鲍威尔）提出了多变量插值的径向基函数（Radical Basis Function，RBF）方法。1988 年，Moody（穆迪）和 Darken（达肯）提出了一种人工神经网络结构，即 RBF 神经网络。径向基本函数法是多个数据插值方法的组合，由径向基函数生成的表面不仅能够反映整体变化趋势，而且可以反映局部变化。为了生成表面，可以假设弯曲或拉伸预测表面使之能够通过所有已知样点，利用这些已知样点采用不同的方法可以预测表面的形状。例如，可以强迫表面形成光滑的曲面（薄板样条），或者控制表面边缘拉伸的松紧程度（张力样条），这就是基于径向基函数内插的概念框架。

径向基函数法包括一系列精确的插值方法。所谓精确的插值方法，是指表面必须经过每一个已知样点。径向基函数包括五种不同的基本函数：平面样条函数、张力样条函数、规则样条函数、高次曲面函数和反高次曲面样条函数。每种基本函数的表达形式不尽相同，得到的插值表面也各不相同。径向基函数法就如同将一个橡胶膜插入并经过各个已知样点，选择何种基本函数决定了要以何种方式将这个橡胶薄膜插入到这些点之间。相关学者已经证明，RBF 神经网络具有逼近任意非线性函数的能力[105]。

根据柯奥定理，将一个复杂的模式分类问题非线性地投射到高维空间，会有较大可能使之成为线性可分的问题。一般函数都可表示成一组基函数的线性组合，RBF 网络相当于用隐层单元的输出构成一组基函数，然后用输出层

来进行线性组合，以完成逼近功能。

给定样本数据集合 $P = \{p_1, p_2, \cdots, p_Q\}$ 及其对应的属性值集合 $T = \{t_1, t_2, \cdots, t_Q\}^{\mathrm{T}}$，寻找函数使其满足 $t_i = F(p_i) (1 \leqslant i \leqslant Q)$，RBF 方法是要选择 Q 个基函数，每个基函数对应一个训练数据，各基函数形式为 $G_p(\| p - C_p \|)$，"$\| \ \|$"表示差向量的模（2 范数），C_p 为隐层第 p 个节点的中心，基于径向基函数的插值函数为

$$F(p) = \sum_{p=1}^{Q} w_p G_p(\| p - C_p \|) \tag{2-31}$$

其网络结构如图 2-1 所示。

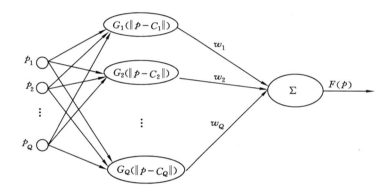

图 2-1　RBF 神经网络结构

从图 2-1 中可以看到，网络的隐节点数为 Q 个。把所有 Q 个样本输入分别作为 Q 个隐节点的中心，网络的输出为各隐层节点的加权和，确定权值可以用下列线性方程组的形式求解

$$\sum_{j=1}^{Q} w_j G(\| p_i - p_j \|) = t_i \quad (1 \leqslant i \leqslant Q) \tag{2-32}$$

设第 j 个隐节点在第 i 个样本的输出为 $\phi_{ij} = G(\| p_i - p_j \|)$，令 $\boldsymbol{W} = \{w_1, w_2, \cdots, w_Q\}^{\mathrm{T}}$，用矩阵 $\boldsymbol{\Phi}$ 表示元素为 ϕ_{ij} 的 $Q \times Q$ 阶矩阵，则式（2-32）可以用矩阵表示为

$$\boldsymbol{\Phi W} = \boldsymbol{T} \tag{2-33}$$

若 $\boldsymbol{\Phi}$ 可逆，则解为 $\boldsymbol{W} = \boldsymbol{\Phi}^{-1} \boldsymbol{T}$，根据 Micchelli 定理可得，如果隐节点激活函数采用径向基函数，且 $\{p_1, p_2, \cdots, p_Q\}$ 各不相同，则线性方程组有唯一解。

常用的几个基函数为：

（1）高斯函数

$$\phi(r) = \exp(-\frac{r^2}{2\sigma^2}) \quad (\sigma > 0, r \in \mathbf{R}^n) \tag{2-34}$$

（2）逆多二次函数

$$\phi(r) = \frac{1}{\sqrt{(r^2 + c^2)}} \quad (c > 0, r \in \mathbf{R}^n) \tag{2-35}$$

（3）多二次函数

$$\phi(r) = (r^2 + c^2)^{1/2} \quad (c > 0, r \in \mathbf{R}^n) \tag{2-36}$$

在对样本点进行完全内插时会存在一些问题：

（1）插值曲面必须经过所有样本点，当样本中包含噪声时，神经网络将拟合出一个错误的曲面，从而使泛化能力下降。由于输入样本中包含噪声，所以可以设计隐藏层大小为 $K,K<Q$，从样本中选取 K 个（假设不包含噪声）样本点作为 G 函数的中心。

（2）基函数个数等于训练样本数目，当训练样本数远远大于物理过程中固有的自由度时，问题就称为超定的，插值矩阵求逆时可能导致不稳定。

当拟合函数 F 的重建问题满足存在性、唯一性、连续性时，称问题为适定的；这三个要求中，只要有一个不满足，则称之为不适定问题。不适定问题大量存在，为解决这个问题，引入了正则化理论。

正则化的基本思想是在评价泛函中加入隐含某种先验信息（如输入输出映射平滑性的约束）的辅助非负泛函项来稳定逼近问题的解。

设输入信号 $p_i \in \mathbf{R}^m (i = 1, 2, \cdots, N)$，期望响应 $d_i \in \mathbf{R}^1 (i = 1, 2, 3, \cdots, N)$，$F(x)$ 表示逼近函数，求 $F(x)$ 使评价泛函 $\xi(F)$ 达到极小，则有

$$\begin{cases} \xi(F) = \xi_s(F) + \lambda\xi_c(F) \\ \xi_s(F) = \frac{1}{2}\sum_{j=1}^{N}(d_j - t_j)^2 = \frac{1}{2}\sum_{j=1}^{N}[d_j - F(p_j)]^2 \\ \xi_c(F) = \frac{1}{2} \parallel DF \parallel^2 \end{cases} \tag{2-37}$$

式中，第一项 $\xi_s(F)$ 为标准误差项；第二项 $\xi_c(F)$ 为正则化项，可以用来控制逼近函数的光滑程度；λ 为正则化参数；D 是一个线性微分算子，也称为稳定因子，代表了对 $F(x)$ 的先验知识。则式（2-37）的解为

$$\boldsymbol{W} = (\boldsymbol{G} + \lambda\boldsymbol{I})^{-1} D \tag{2-38}$$

式中，$\boldsymbol{G}$ 为 Green 矩阵，由 Green 函数组成。$\boldsymbol{G}$ 是对称的，即 $\boldsymbol{G}^T = \boldsymbol{G}$，具有平移不变性和旋转不变性，$G(x, x_j) = G(\parallel x - x_j \parallel)$。高斯函数就是一个满

足上述要求的 Green 函数。

　　RBF 神经网络学习的三个重要参数是中心、方差和权值。当采用正归化 RBF 网络结构时，隐节点数即样本数，基函数的数据中心即为样本本身，参数设计只需考虑扩展常数和输出节点的权值。

　　广义 RBF 网络只要求隐藏层神经元个数大于输入层神经元个数，并没有要求等于输入样本个数，实际上它比样本数目要少得多，因为在标准 RBF 网络中，当样本数目很大时，就需要很多基函数，权值矩阵就会很大，计算复杂且容易产生病态问题。所以，当采用广义 RBF 网络结构时，RBF 网络的学习算法应该解决的问题包括：如何确定网络隐节点数、如何确定各径向基函数的数据中心及扩展常数以及如何修正输出权值。

　　广义 RBF 网络与传统的 RBF 网络的区别还体现在以下三点：

　　（1）径向基函数的中心不再限制在输入数据点上，而由训练算法确定。

　　（2）各径向基函数的扩展常数不再统一，而由训练算法确定。

　　（3）输出函数的线性变换中包含阈值参数，用于补偿基函数在样本集上的平均值与目标值之间的差别。

　　对于数据中心的选择问题，通常可以采用两种方法：

　　（1）数据中心从样本中选择

　　各个基函数采用统一的扩展常数为

$$\sigma = \frac{d_{\max}}{\sqrt{2}M} \tag{2-39}$$

式中，M 为中心数目；$d_{\max}$ 为所选的数据中心之间的最大距离。

　　这种方法是为了保证每个径向基函数不会出现太尖或太平两种极端情况。

　　（2）监督选择法

　　采用误差修正学习过程，可以采用梯度下降法。

　　定义目标函数为

$$E = \frac{1}{2} \sum_{k=1}^{N} e_k^2 \tag{2-40}$$

式中，N 为训练样本的个数；e_k 为第 k 个样本输入时的误差。

　　第 k 个样本输入时的误差信号为

$$e_k = d_k - F(p_k) = d_k - \sum_{i=1}^{I} w_i G(\| p_k - t_i \|_{c_i}) \tag{2-41}$$

　　寻求网络的参数使目标函数最小化，则各参数的修正量应与其负梯度成

正比,即

$$
\begin{cases}
\Delta c_j = -\eta\, \dfrac{\partial E}{\partial c_j} = \eta\, \dfrac{w_j}{\delta_j^2} \sum_{i=1}^{p} e_j G(\parallel p_j - c_j \parallel)(p_i - c_j) \\[3mm]
\Delta \delta_j = -\eta\, \dfrac{\partial E}{\partial \delta_j} = \eta\, \dfrac{w_j}{\delta_j^3} \sum_{i=1}^{p} e_i G(\parallel p_i - c_j \parallel) \parallel p_i - c_j \parallel^2 \\[3mm]
\Delta \omega_j = -\eta\, \dfrac{\partial E}{\partial \omega_j} = \eta \sum_{i=1}^{p} e_i G(\parallel p_i - c_j \parallel)
\end{cases}
\tag{2-42}
$$

式中,η 为学习率;Δc_j 为对数据中心的修正量;$\Delta \delta_j$ 为扩展常数修正量;$\Delta \omega_j$ 为输出权值修正量。

RBF 神经网络不具有能力来解释自己的推理过程和推理依据,当数据不充分的时候无法工作。用于非线性系统建模需要解决的关键问题是样本数据的选择,在实际工作过程中,系统的信息往往只能从系统运行的操作数据中分析得到,因此,从系统运行的操作数据中提取系统运行状况信息,以降低网络对训练样本的依赖,在实际应用中具有非常重要的价值[106-107]。

径向基函数插值适用于对大量点数据进行插值计算从而获得平滑表面。将径向基函数应用于变化平缓的表面,如对表面上平缓的点高程插值,能得到令人满意的结果。但当在一段较短的水平距离内的表面值发生较大的变化,或无法确定采样点数据准确性,或采样点的数据具有很大不确定性时,该方法不适用[103-108]。

2.2 Delaunay 三角剖分算法

三角剖分的实质是用三角形来描述平面或空间上点与点之间的邻接关系。根据不同的邻接关系标准,可以将三角剖分算法分成很多种,其中 Delaunay 三角剖分算法所得到的三角网格单元的质量最好,且其具有完善的数学理论基础和在退化条件下剖分结果的唯一性,使得其应用最为广泛。Delaunay 三角网是以俄国数学家 Delaunay 的名字命名、以 Voronoi 图为理论基础的。

2.2.1 Delaunay 三角网特性分析

Delaunay 三角网与 Voronoi 图互为对偶,它们是计算几何领域的经典研究问题[109]。首先定义点的邻域,令 $d(x, P_i)$ 表示 x 到 P_i 的欧氏距离,则点 P_i 的邻域 V_i 定义为

$$
V_i = \{x \in \mathbf{R}^n \mid d(x, P_i) < d(x, P_j), j \neq i\}
\tag{2-43}
$$

对于二维空间,如图 2-2 所示,图中阴影区域内的任意点到 P_2 点的距离近于到其他点的距离,域 $V_1V_2V_3V_4V_5V_6$ 称为 P_2 的邻域,其边界称为对应于 P_2 点的 Voronoi 多边形,它是由 P_2 与相邻点连线的垂直平分线围成的(图 2-2 中虚线是对应实线的垂直平分线),如 V_1V_2 是 P_2P_3 的垂直平分线的一部分,二维 Voronoi 图是平面点集所有点的邻域多边形的并集[110]。平面上的 Voronoi 图可看作是点集中的每个点作为生长核,以相同的速率向外扩张,直到彼此相遇为止而在平面上形成的图形[110]。除最外层的点形成开放的区域外,其余每个点都形成一凸多边形。点集中若无四点共圆,则该点集 Voronoi 图中每个顶点恰好是三个边的公共顶点,并且是三个 Voronoi 多边形的公共顶点。这三个 Voronoi 多边形对应的生长核连成的三角形称为和这个 Voronoi 顶点相对应的 Delaunay 三角形,所有的 Delaunay 三角形的并集称为 Delaunay 三角网[109]。

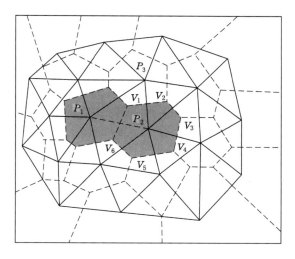

图 2-2　二维情形的 Voronoi 图

Delaunay 三角网的外边界是一凸多边形,它由连接点集中的凸集形成,通常称为凸包。Delaunay 三角网具有两个重要性质:

(1)空外接圆性质:在由点集所形成的 Delaunay 三角网中,其中每个三角形的外接圆均不包含点集中的其他任意点,如图 2-3(a)所示,△ABC 的外接圆与△ADC 的外接圆都只包含了三个点。

(2)最小角最大:在由点集所能形成的三角网中,Delaunay 三角网中三角形的最小角度是最大的,如图 2-3(b)所示,边 *BD* 与边 *AC* 把四边形 *ABCD* 剖分为两个三角形,但边 *AC* 剖分的三角形的最小角大于边 *BD* 剖分的,所以需要将边 *BD* 交换成为边 *AC*。

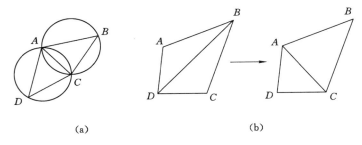

(a)   (b)

图 2-3 Delaunay 三角形性质

Delaunay 三角网具有以下优异特性:

（1）最接近:以距离最近的三点形成三角形,且每个三角形的三条边皆不相交。

（2）唯一性:若不存在退化现象,最终的剖分结果是唯一的。

（3）最优性:如果将任意两个相邻的三角形所形成的凸四边形的对角线互换,那么两个三角形六个内角中最小的角度不会变大。

（4）区域性:增加、删除或移动某一个顶点时只会影响相邻的三角形。

（5）具有凸多边形的外壳:整个三角网最外层的边界所形成的是一个凸多边形外壳。

Delaunay 三角网因为具有很好的数学特性和理论基础,一直占据网格剖分技术的主导地位。

2.2.2 Delaunay 三角网生成算法

根据各种算法的实现过程,大致可以把 Delaunay 三角网生成算法分为三类:分割归并法(又称为分治算法)、逐点插入法和三角网生长算法[111-113]。

（1）分割归并法

Shamos(沙莫斯)和 Hoey(霍伊)提出了分割归并算法的思想,并给出了一个生成 Voronoi 图的分割归并算法。Lewis(刘易斯)和 Robinson(鲁宾逊)将分割归并算法思想应用于生成 Delaunay 三角网,他们给出了一个问题简化算法,递归地分割点集,直至子集中只包含三个点而形成三角形,然后自下而上地逐级合并生成最终的三角网。之后 Lee 等[114]又改进和完善了 Lewis 和 Robinson 的算法,其算法基本步骤如下:

步骤 1：将给定的点集 V 以横坐标为主、纵坐标为辅，按升序排列，然后递归地执行以下步骤。

步骤 2：把点集 V 分为近似相等的两个子集 V_L 和 V_R。

步骤 3：在 V_L 和 V_R 中生成三角网。

步骤 4：用 Lawson(劳森)提出的局部优化算法优化所生成的三角网，使之成为 Delaunay 三角网。

步骤 5：找出连接 V_L 和 V_R 中两个凸壳的底线和顶线。

步骤 6：由底线至顶线合并 V_L 和 V_R 中的两个三角网。

以上步骤显示，分割归并算法的基本思路是使问题简单化，把点集划分到足够小，使其易于生成三角网，然后把子集中的三角网合并生成最终的三角网，用局部优化（LOP，Local Optimization Procedure）算法保证其生成的为 Delaunay 三角网，不同的实现方法可以有不同的点集划分法、子三角网生成法和合并法。

一般三角网经过 LOP 处理后可确保成为 Delaunay 三角网，其做法简单分成三步：

步骤 1：将两个相邻的具有公共边的三角形合并。

步骤 2：以最大空圆原则做检查，看其第四个顶点是否在三角形的外接圆中。

步骤 3：如果其第四个顶点在三角形的外接圆中，将其对角线对调，完成优化处理。

（2）逐点插入法

Lawson(劳森)提出了用逐点插入法建立 Delaunay 三角网的算法思想，Lee 等[114]又进行了发展和完善。逐点插入法的基本步骤如下：

步骤 1：定义一个包含所有数据点的初始多边形。

步骤 2：在初始多边形中建立初始三角网，然后按以下步骤迭代，直至处理完所有数据点。

步骤 3：插入一个数据点 P，在三角网中找出包含 P 的三角形 T，把 P 与 T 的三个顶点相连，生成新的三角形。

步骤 4：以 LOP 算法优化三角网。

从以上步骤可以看出，逐点插入法的过程较为简单，先在包含所有数据点的一个多边形中建立初始三角网，然后将余下的点逐一插入，用 LOP 优化算法确保其成为 Delaunay 三角网。该类算法所需内存相对较小，但它们的时间复杂度相对较高。

（3）三角网生长法

Green 等[115]首次实现了一个生成 Voronoi 图的生长算法，Brassel 等[116]在他们之后也提出了类似的算法，Mccullagh 等[117]通过把点集分块和排序改进了点搜索方法，减少了搜索时间。三角网生长算法的基本步骤如下：

步骤 1：以任一点为起始点。

步骤 2：找出与起始点最近的数据点，相互连接形成 Delaunay 三角网的一条边作为基线，按三角网的判别法则（即它的两个基本性质），找出与基线构成 Delaunay 三角网的第三点。

步骤 3：基线的两个端点与第三点连接成为新的基线。

步骤 4：迭代以上两步直至所有的基线都被处理。

上述过程表明，三角网生长算法的思路是先找出点集中相距最短的两点连接成一条 Delaunay 边，然后按三角网的判别法则，找出包含此边的 Delaunay 三角形的另一顶点，以此处理所有新生的边，直至最终完成。三角网生长方法的问题在于搜寻第三点所消耗的时间过长。这种方法近年来已经很少用到，比较常用的是分割归并方法和逐点插入方法[109]。

在三角网的构建过程中，优化是决定算法效率的关键步骤[112]。我们知道，当参与构网的数据量较大时，对三角网质量的优化将会耗费较多的算法时间。对此，余杰等[118]认为可以设置极限角，在构网过程中保证三角形的任何角度都大于此角，就可以构建满足 Delaunay 性质的三角网。这一思路可以概括为在三角网的构建过程中同时考虑了优化过程，所以效率比较高。

2.2.3　限定 Delaunay 三角网剖分

一般情况下，对区域内的点集进行 Delaunay 三角剖分时的结果并不能恢复区域的边界，甚至可能存在畸形的网格单元，而在实际应用中，人们通常希望最后得到的剖分结果能包含区域内指定的点、线、面，这种问题被称为限定三角剖分。

在对区域进行三角剖分过程中，存在着两种形式的限定三角剖分，分别称为 RDT（Conforming Delaunay Triangulation）和 CDT（Constrained Delaunay Triangulation）。

CDT 是指在剖分区域的内部限定边或边界边在三角剖分的结果中出现，但是不允许被细分，即不允许在剖分区域中加入其他额外的点，可以通过局部变换的方法恢复剖分区域中的限定边，但是不允许加点细分，否则会造成约束数据附近的三角形单元无法满足 Delaunay 优化准则。

在许多三维情况下，CDT 并不能实现，因为在不添加任何额外点的情况下,存在着不能剖分的多面体,如 Schonhardt 多面体,它是将三棱柱的顶面逆时针旋转一定的角度之后形成的,旋转后的三棱柱的侧立面被分成两个三角形向体内凹陷,于是最终所形成的图形表面上的每个三角形均不能与其他顶点形成四面体。

RDT 允许在剖分区域中加入辅助点,从而能够保证剖分区域内的所有边界都存于剖分结果中,且每个网格单元均符合 Delaunay 准则。由于该算法允许对边界进行细化处理,所以原始剖分点集是最终结果点集的子集。为了使边界出现在剖分结果中并使网格单元符合 Delaunay 准则而加入的点被称作 Steiner 点,因此这个剖分算法也被称为 Steiner 三角剖分。由于 RDT 算法向剖分区域中加点细分,因此在三维领域里 CDT 所遇到的问题在 RDT 中不存在。

在此介绍一种限定 Delaunay 加点细分算法。算法思路是首先对限定点集合进行 Delaunay 三角剖分,生成一个初始的三角剖分(DTS)。容易知道,限定点集合与这个初始的剖分 DTS 具有一致性,而限定线段集合却不一定能与 DTS 具有一致性。为了使限定线段集合与 DTS 具有一致性,不断地检查限定线段集合中的线段,对每个在三角剖分 DTS 中不存在的线段,将其从中点细分,同时将中点加入三角剖分 DTS 中,以此不断执行下去,直至限定线段集合中所有的线段在三角剖分中都存在,算法结束。

限定 Delaunay 加点细分算法描述如下[109,119-120]:

步骤 1:生成一个包含点集合 PS 的初始三角形 T_0。

步骤 2:对限定点集合中的所有点 P:

① 搜寻外接圆包含点 P 的三角形,记下这些三角形组成的区域边界(Delaunay 空洞),并删除这些三角形;

② 将点 P 和空洞边界上每个边连成新的三角形,并加入三角网格中。

步骤 3:对于限定线段集合中的所有线段 S,如果以 S 为直径的圆包含三角形网格的其他顶点,则:

① 求出 S 的中点 M;

② 利用步骤 2 中的算法,将 M 点加入三角形网格;

③ 将 S 从 M 点处分成两个线段 S_1 和 S_2,将 S 从限定线段集合中删除,同时将 S_1 和 S_2 加入限定线段集合中。

步骤 4:删除三角形网格内、外边界的辅助三角形,得到最终的剖分结果,算法结束。

从上面的算法实现过程可以看出,算法分为两个过程:一是建立初始网格

（包括算法的第一步和第二步）；二是迭代加点细分（算法的第三步和第四步）[109]。在第一个过程中，假设初始限定 Delaunay 三角形网格中的网格顶点个数为 N_1，涉及将 N_1 个点插入限定 Delaunay 三角形网格中。在第二个过程中，假设迭代过程向限定 Delaunay 三角形网格中加入的顶点个数为 N_2，则涉及的迭代次数同 $N_1 + N_2$ 成固定的倍数。因此，可以估算该算法的效率接近 $O[(N_1 + N_2) \log(N_1 + N_2)]$。

2.3　水平集方法

水平集方法（Level Set Method）是 Osher 等[121]和 Sethian[122]提出的一种运动界面追踪的方法，具有可以在固定的网格上进行计算、能很自然地处理界面拓扑变化的优点。

水平集定义：一条平面封闭曲线 C 可隐式表示为一个二维函数的水平集（线）。公式为

$$C = \{(x,y), u(x,y) = c\} \tag{2-44}$$

式中，c 为常数，即将其看作三维曲面 $u = u(x,y)$ 与平面 $u = c$ 的交线。随时间 t 变化的平面封闭曲线可表示为

$$C(t) = \{(x,y), u(x,y,t) = c\} \tag{2-45}$$

可看作随时间 t 变化的三维曲面簇 $u = u(x,y,t)$ 与平面 $u = c$ 相交得到的水平集（线），这样就把 n 维描述视为 $n+1$ 维的水平集，或者说是把 n 维描述视为有 n 维变量的水平集函数 u 的水平集。即将求解 n 维描述的演化过程转化为求解关于有 n 维变量的水平集函数 u 的演化所导致的水平集的演化过程[123]。在二维空间中就是将二维平面曲线嵌入到三维曲面，将平面闭曲线的演化问题转化为三维曲面的演化，如图 2-4 所示。

图 2-4 中，若我们假设 xy 平面上的一个圆形，其随着时间的变化逐渐扩大，则可以视为在不同的时间点上用平面对空间的一个圆锥曲面的水平剖切，每一次剖切对应一个同心圆，则曲线的演化就转变为对圆锥曲面的剖切。

在平面上定义一个符号距离函数

$$\phi(x,y) = \begin{cases} d[(x,y),C], & \text{点在曲线外部} \\ 0, & \text{点在曲线边界} \\ -d[(x,y),C], & \text{点在曲线内部} \end{cases} \tag{2-46}$$

式中，$d[(x,y),C]$ 代表点 (x,y) 到曲线 C 的最短距离，当点在曲线内部的时候，符号取负号；当点在曲线外部的时候，符号取正号。

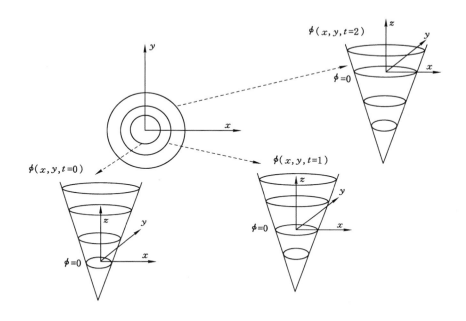

图 2-4　水平集方法中的曲线演化

设 $C(t)$ 为闭曲线，是 $\phi(x,y,t)$ 在 t 时刻的零水平集

$$
\begin{cases}
C(x,y,0)=\{(x,y)\mid \phi(x,y,0)=0\} \\
C(x,y,t)=\{(x,y)\mid \phi(x,y,t)=0\}
\end{cases}
\tag{2-47}
$$

则可知，演化曲线的前沿即为零水平集状态，有下式

$$
\phi[C(t),t]=0 \tag{2-48}
$$

对其两边求对时间的偏导数，有

$$
\frac{\partial \phi}{\partial t}+\nabla \phi[C(t),t]\cdot \frac{\partial C}{\partial t}=0 \tag{2-49}
$$

设 F 为内法向方向的速度（法向力），那么

$$
\frac{\partial C}{\partial t}\cdot n=F \tag{2-50}
$$

其中

$$
n=-\frac{\nabla \phi}{\mid \nabla \phi\mid} \tag{2-51}
$$

这样，我们可以得到基本方程式

$$\frac{\partial \phi}{\partial t} - F \mid \nabla \phi \mid = 0 \tag{2-52}$$

曲线就是根据方程(2-52)进行演化的,且其几何形状的变化只与运动速度(即 F)有关。水平集函数就在它的推动下不断演化,故称之为曲线演化的水平集方法的基本方程式。

水平集算法的一般过程是:

(1) 设定水平集函数的初始状态。

(2) 确定速度 F 的形式。

(3) 按基本方程推演水平集函数的各状态。

(4) 对于每一水平集函数的状态求解水平集。

算法的关键是找到合适的法向速度 F,使得在该速度场的驱动下得到考虑目标函数和约束条件的最优拓扑结构,其中曲率是一个常用的法向力,其求解方法如下:

由梯度模的定义

$$\mid \nabla \phi(x,y) \mid = \sqrt{\phi_x(x,y)^2 + \phi_y(x,y)^2} \tag{2-53}$$

可以得到

$$\begin{aligned}
\frac{\partial}{\partial x}\left(\frac{1}{\mid \nabla \phi(x,y) \mid}\right) &= \frac{\partial}{\partial x}\left(\frac{1}{\sqrt{\phi_x(x,y)^2 + \phi_y(x,y)^2}}\right) \\
&= -\frac{1}{2[\phi_x(x,y)^2 + \phi_y(x,y)^2]^{3/2}}\left[\frac{\partial \phi_x(x,y)^2}{\partial x} + \frac{\partial \phi_y(x,y)^2}{\partial x}\right] \\
&= -\frac{\phi_x(x,y)\phi_{xx}(x,y) + \phi_y(x,y)\phi_{yx}(x,y)}{[\phi_x(x,y)^2 + \phi_y(x,y)^2]^{3/2}}
\end{aligned} \tag{2-54}$$

同样可得

$$\begin{aligned}
\frac{\partial}{\partial y}\left(\frac{1}{\mid \nabla \phi(x,y) \mid}\right) &= \frac{\partial}{\partial y}\left(\frac{1}{\sqrt{\phi_x(x,y)^2 + \phi_y(x,y)^2}}\right) \\
&= -\frac{1}{2[\phi_x(x,y)^2 + \phi_y(x,y)^2]^{3/2}}\left[\frac{\partial \phi_x(x,y)^2}{\partial y} + \frac{\partial \phi_y(x,y)^2}{\partial y}\right] \\
&= -\frac{\phi_x(x,y)\phi_{xy}(x,y) + \phi_y(x,y)\phi_{yy}(x,y)}{[\phi_x(x,y)^2 + \phi_y(x,y)^2]^{3/2}}
\end{aligned} \tag{2-55}$$

曲线的曲率 k 可以通过下式推得

$$\begin{aligned}
k = \mathrm{div}\left(\frac{\nabla \phi(x,y)}{\mid \nabla \phi(x,y) \mid}\right) &= \left(\frac{\partial}{\partial x}, \frac{\partial}{\partial y}\right)\left[\frac{\phi_x}{\mid \nabla \phi(x,y) \mid} \quad \frac{\phi_y}{\mid \nabla \phi(x,y) \mid}\right]^{\mathrm{T}} \\
&= \frac{\partial}{\partial x}\left(\frac{\phi_x}{\mid \nabla \phi(x,y) \mid}\right)\frac{\partial}{\partial y}\left(\frac{\phi_y}{\mid \nabla \phi(x,y) \mid}\right)
\end{aligned}$$

$$
= \frac{\phi_{xx}}{|\nabla\phi(x,y)|} - \frac{\phi_x^2\phi_{xx} + \phi_x\phi_y\phi_{yx}}{(\phi_x^2 + \phi_y^2)^{3/2}} + \frac{\phi_{yy}}{|\nabla\phi(x,y)|} - \frac{\phi_y\phi_x\phi_{xy} + \phi_y^2\phi_{yy}}{(\phi_x^2 + \phi_y^2)^{3/2}}
$$

$$
= \frac{\phi_{xx}(\phi_x^2 + \phi_y^2) - \phi_x^2\phi_{xx} - \phi_x\phi_y\phi_{yx}}{(\phi_x^2 + \phi_y^2)^{3/2}} + \frac{\phi_{yy}(\phi_x^2 + \phi_y^2) - \phi_y\phi_x\phi_{xy} + \phi_y^2\phi_{yy}}{(\phi_x^2 + \phi_y^2)^{3/2}}
$$

$$
= \frac{\phi_{xx}\phi_y^2 - 2\phi_x\phi_y\phi_{xy} + \phi_{yy}\phi_x^2}{(\phi_x^2 + \phi_y^2)^{3/2}} \tag{2-56}
$$

通常必须用数值方法来求得曲线演化的水平集的近似解。由于水平集函数在随时间的演化过程中始终保持为一个函数,因此可以用离散网格来表达水平集函数 $\phi(x,y,t)$。设离散网格的间隔为 h,Δt 为时间步长,在 $n\Delta t$ 时刻网格节点 (i,j) 处的水平集函数为 $\phi_{i,j}^n(ih,jh,n\Delta t)$,则水平集函数 ϕ 的演化方程式(2-52)可以离散化为

$$
\frac{\phi_{ij}^{n+1} - \phi_{ij}^n}{\Delta t} = F_{ij}^n |\nabla\phi_{ij}^n| \tag{2-57}
$$

式中,F_{ij}^n 表示 $n\Delta t$ 时刻扩展速度场 F 位于网格点 (i,j) 处的值。

有学者给出了迎风有限差分法来求解式(2-57)。在计算曲线演化方程中需要用到水平集函数的一、二阶导数、法矢量和曲率时,可以通过计算曲线两侧网格点的差分来进行。定义一阶前向差分、一阶后向差分和一阶中心差分 6 个差分算子

$$
D_{ij}^{+x} = \frac{\phi_{i+1,j} - \phi_{i,j}}{\Delta x}, D_{ij}^{-x} = \frac{\phi_{i,j} - \phi_{i-i,j}}{\Delta x}, D_{ij}^{0x} = \frac{\phi_{i+1,j} - \phi_{i-1,j}}{2\Delta x},
$$

$$
D_{ij}^{+y} = \frac{\phi_{i,j+1} - \phi_{i,j}}{\Delta y}, D_{ij}^{-y} = \frac{\phi_{i,j} - \phi_{i,j-1}}{\Delta y}, D_{ij}^{0y} = \frac{\phi_{i,j+1} - \phi_{i,j-1}}{2\Delta y} \tag{2-58}
$$

则方程(2-57)的近似解可写成如下形式

$$
\phi_{i,j}^{n+1} = \phi_{i,j}^n + \Delta t[\max(F_{i,j}^n,0)\nabla^+ + \min(F_{i,j}^n,0)\nabla^-] \tag{2-59}
$$

其中

$$
\nabla^+ = [\max(D_{i,j}^{-x},0)^2 + \min(D_{i,j}^{+x},0)^2 + \max(D_{i,j}^{-y},0)^2 + \min(D_{i,j}^{+y},0)^2]^{\frac{1}{2}}
$$

$$
\nabla^- = [\min(D_{i,j}^{-x},0)^2 + \max(D_{i,j}^{+x},0)^2 + \min(D_{i,j}^{-y},0)^2 + \max(D_{i,j}^{+y},0)^2]^{\frac{1}{2}}
$$

通过上述差分方程,可以利用迭代法不断地迭代更新水平集函数,然后提取更新后的水平集函数的零水平集,即可得到演化后的活动轮廓线。在迭代过程中,为了防止轮廓曲线发生位置漂移,水平集函数应保持为符号距离函数。然而由于采用数值解法,方程式(2-57)的解并不总能保持为符号距离函数,因此需要周期性地对水平集函数进行校正,即进行重新初始化,以使它保持或接近符号距离函数。

水平集方法在主动轮廓模型中对目标轮廓的提取、结构拓扑优化等领域得到成功应用。多数水平集方法需要在迭代过程中约束水平集函数保持符号距离函数，以确保水平集函数的稳定收敛，这就必须对符号距离函数进行不断的重新初始化。重新初始化大大地增加了其计算复杂度，所以目前有很多学者在研究水平集无须重新初始化的方法。

2.4　小结

本章对三维建模中涉及的三个重要方面——插值方法、三角剖分方法、轮廓变形理论进行了阐述。

首先对地质建模常用的多项式插值、反距离加权插值、克里金插值、径向基函数插值等几种常用的插值算法进行了分析。多项式插值当次数增高时，如果数据不具有多项式特性，则求出的曲线可能产生大的振荡；反距离加权插值方法对幂指数的值的选择及数据点集的要求较高；克里金插值在测量点较少且分布不均时可能会产生较大的估计误差；径向基函数插值法当在一段较短的水平距离内的表面值发生较大的变化，或无法确定采样点数据准确性，或采样点的数据具有很大不确定性时并不适用。其次对表面模型建立阶段常用的 Delaunay 三角网剖分算法和限定 Delaunay 三角网剖分算法进行了研究，限定 Delaunay 三角剖分在三维空间进行非凸多面体剖分较为困难。最后对在轮廓变形和运动界面追踪领域常用的水平集方法进行了探讨，水平集方法多用于图像分割或三维轮廓变形，但是其重新初始化计算量较大，且其对初始拓扑形状要求较高，细节刻画能力有限。

第 3 章　盐穴测量与预处理

建立一个良好的盐穴三维模型需要有高质量的测量数据,而盐穴开采工艺的特殊性决定了其测量方法的特殊性,所以需要了解盐穴的水溶开采方式及其测量的方法。本章结合盐穴的测量方法对测量数据的特点进行了分析,研究了对盐穴测量数据进行预处理及插值的方法,为后续建立盐穴三维模型提供了良好的数据基础。

3.1　水溶法建腔

水溶法建造地下盐穴是采用溶解矿技术,在一定的控制条件下将淡水或低浓度卤水注入盐层或盐丘中,通过溶解盐岩并排出卤水从而在地下形成特定形态的存储空间。采卤或造腔过程中既可采用正向循环,也可采用反向循环,通过正向循环、反向循环以及管道的深度来控制盐穴的形状,从而使盐穴得到稳定的形态。盐穴的采卤或造腔过程如图 3-1 所示。

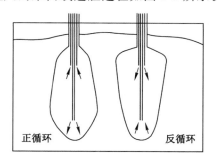

图 3-1　盐穴的采卤造腔过程

在采卤或造腔过程中,为控制盐腔顶部的形状和淋洗质量,不破坏盐腔顶部完整性,使其承压能力不受损害,常用比水轻的碳氢物质(如柴油、丁烷等)作为隔离带,形成油水界面,用来防止上部的盐被溶解。在建腔过程中一般采用两根管柱(套管),一根注入水,另一根返出卤水。同时,要做各种检测以保证溶盐后能够形成符合设计的腔体形状。管靴深度要根据溶盐情况逐步调整，以便控制盐穴的形状，使其符合储气、储油的要求[1]。

　　一般情况下，盐层中含有一定的硬石膏、泥岩夹层和页岩夹层，在溶腔过程中，不坚实的盐层、岩石夹层会掉落到盐穴底部形成碎石堆，结果会使储气、储油的空间减少，在有些情况下甚至能占到盐穴整个开采体积的30%～40%。

　　如果盐穴是用作储气库，在向盐穴注入天然气期间，注入的气体会从剩余的盐/卤水中吸收水蒸气，所以，将气库中的气体送到分支管线之前需要配备相应的地面设施和动力对气体进行干燥。储气库建好以后，还需要对其进行气密性实验，尤其是对于盐穴储气库而言，对水泥套管及生产管柱从内至外的密封性实验要求也非常严格。

　　盐穴储气库的稳定性与盐穴运行压力（包括盐穴在一定的压力下）所暴露的时间有直接的关系。理论上，盐穴能够承受的内压等于上覆岩层施以的重量，而该重力又不会致使盐岩层破裂。从储气库的历史上看，一般最大压力设计基于垂直应力梯度2.262 MPa/m，一般介于2.126～2.262 MPa/m之间，为保证安全，一般盐丘的盐穴最大工作压力是上覆岩层压力的0.85倍，层状盐岩穴的最大工作压力介于上覆岩层压力的0.65～0.75倍之间[8]。

3.2　盐穴测量方法

　　盐穴测量比较特殊，需要使用专用的测量仪器，目前，德国的BSFⅡ型测量设备为当前世界上较为先进的盐穴测量仪器，我们结合此测量仪器来说明盐穴的测量方法。图3-2所示为正在进行测量作业的场景。图3-3所示为BSFⅡ型测量仪器分解图。BSFⅡ测量仪的技术参数[124]见表3-1、表3-2、表3-3及表3-4，根据盐穴内存储的不同介质，其测量特性也不同。

表3-1　BSFⅡ型声呐测距仪技术参数

名称	参数
直径/mm	70
长度/m	5～7
质量/kg	88～120
电缆芯数/芯	4
工作温度/℃	0～75
工作压力/MPa	<31

图 3-2　正在进行盐穴测量作业

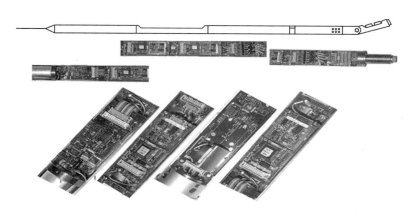

图 3-3　盐穴测量仪器

表 3-2　BSFⅡ型声呐测距仪技术参数(在轻重油中)

名称	参数
声速/(m/s)	1 200～1 350
扩散角/(°)	最小 1.2,通常情况 3.2,最大 6.7
最远测程/m	无套管:40～76;一层套管(在非原油中):21～49;二层套管:不可测量

表 3-3　BSFⅡ型声呐测距仪技术参数(在天然气中)

名称	参数
声速/(m/s)	400～500
扩散角/(°)	最小 0.7,通常情况 0.9,最大 5.4
最远测程/m	无套管:160～250;一层套管:不可测量;二层套管:不可测量

表 3-4　BSFⅡ型声呐测距仪技术参数(在卤水中)

名称	参数
声速/(m/s)	1 750～1 850
扩散角/(°)	最小 0.4,通常情况 0.9,最大 3.0
最远测程/m	无套管:约 250;一层套管:约 67;二层套管:约 49

　　BSFⅡ测量设备呈管状,由多节组合而成,每节之间有接口以实现节间电气和机械连接,每节设备完成一项或多项功能。设备主要由电源、稳定陀螺、定向陀螺、管箍监测仪、超声波速度测量仪、压力测量仪、温度测量仪、倾斜马达、旋转马达、压力补偿、电子罗盘和超声波收发器等部分构成。使用此仪器测量盐穴的过程如图 3-4 所示。

　　盐穴测量采用声呐测量的方式,测量仪器发射出特定频率(30～2 500 kHz)的超声波信号脉冲,然后测量超声波传播的时间 T,如图 3-5 所示,则有

$$D = \frac{T \times V_s}{2} \qquad (3-1)$$

式中,D 为测量距离;T 为传输时间;V_s 为超声波在介质中传播的速度。

　　图 3-5 中的黑色尖峰信号就是测量仪器发射出来的超声波脉冲信号在盐穴腔壁上反射回来的回波信号,右侧数字为测量时的方向角。在测量时,由于

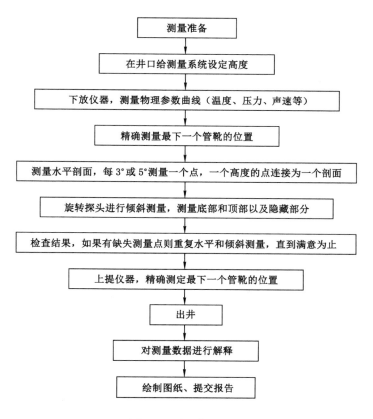

图 3-4　测量作业过程

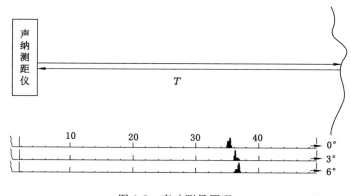

图 3-5　声呐测量原理

盐穴腔壁的平滑程度不同,会接收到许多不同的回波信号,如图 3-6 所示。图中画出的是当盐穴腔壁比较光滑、粗糙、倾斜三种情况的回波信号示例。从图中可以看到,不同的光滑程度对超声波的反射接收信号波形具有较大的影响,所以测量中需要人工筛选最为适宜的回波信号,即需要对测量数据进行人工解释。

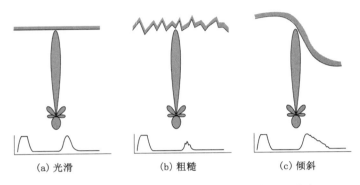

(a) 光滑   (b) 粗糙   (c) 倾斜

图 3-6   不同粗糙程度的盐穴腔壁对回波信号的影响

需要注意的是,超声波信号在不同的传播媒介、不同温度下的传播速度不同,见表 3-2、表 3-3、表 3-4。由于盐穴内储存有不同的媒介,如卤水、天然气、石油等,为了提高测量的精度,必须在测量的同时测量相应的温度和此频率超声波信号在传播介质中的传播速度。通过声呐测量出回波时间,根据当前介质的温度、声速等换算出距离,再通过陀螺仪进行角度的定位,就可以得到一个以测量仪为中心的平面极坐标,再加上通过管靴定位的测量仪深度,构成一个三维坐标点。

测量仪测量时需要同步进行状态参数记录。

图 3-7 所示为测量时的状态参数数据,由图中可以看到不同深度下的温度、压力、露点、声速等情况。

图 3-8 为水平测量的示意图,当通过钢绞线将声呐测量仪下放到盐穴中指定的深度后,测量仪开始进行水平测量。水平测量时,测量头从正北方向开始,按每隔 3°或 5°的角度进行水平旋转,每旋转到一个角度进行一次距离定位,同时记录下当前的方向角、距离等参数。当一个水平层面测量完毕之后,检查回波数据是否有需要进行补充测量的地方。例如,若当前层面的回波数据与邻近的上一层面的回波数据显示盐穴的腔壁半径距离突然异常变大,则

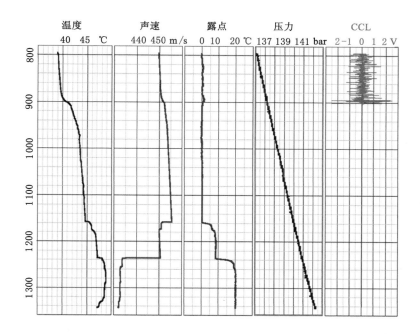

图 3-7　储气库测量的状态参数数据

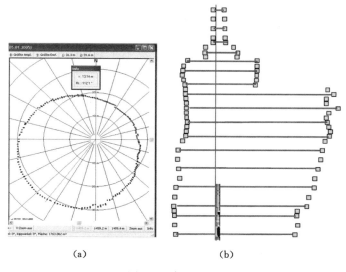

(a)　　　　　　　　　　(b)

图 3-8　水平测量

可能在这两个层面之间盐穴的溶解情况变化较大,某个部分的矿体溶解率较高,形成了分支或凸出的情况。在这种情况下,通常需要在进行下一个或几个层面的测量后进行补充倾斜测量,然后再与原来的测量数据比较,直到满意为止。

倾斜测量指在水平测量不能直视的地方,可以利用测量仪器顶部可旋转部分进行的测量,如图 3-9 中斜线所示为进行倾斜补充测量的示意图。进行倾斜测量时测量头进行倾斜转动,这样可以测量被盐穴腔壁(或岩石体)阻挡的部分,在图 3-9 中斜线表示绕过了垂直的盐穴腔壁的阻挡。通过倾斜测量,提高了盐穴测量的数据精度。

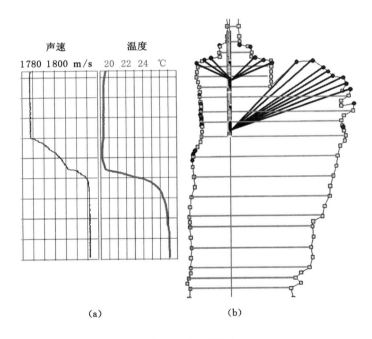

(a)　　　　　　　　　　　　(b)

图 3-9　倾斜测量

图 3-10 为测量过程中的回波数据图,右侧数字为测量点所在的方向角。测量人员通过回波数据图来分析当前测量点的距离情况,若当前的回波存在多个波形,则需要结合相邻的其他测量点的波形进行回波波形的选择。

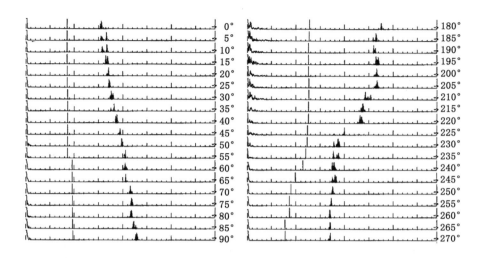

图 3-10　测量的回波数据

3.3　测量数据的检验与校正

测量完毕后,所有的测量数据信息经过人工解译后保存为专有的 dat 文件格式,其中包括了解译后的测量数据点信息。人工解译需要使用专用的 CavInfo 软件来进行。CavInfo 软件套件主要包括 CavMap、CavLog、CavView Ⅱ、CavWalk 四个软件,界面如图 3-11 所示。CavMap 主要用于盐穴群的数据分析;CavViewⅡ主要用于单个盐穴数据的分析;CavLog 主要用于显示、分析测量的原始数据,如温度、压力、声速等;CavWalk 主要用于三维盐穴数据漫游。

通过 CavInfo 软件套件可以对盐穴测量数据进行分析,其分析是建立在二维图形的基础之上的,CavWalk 软件虽然可以对盐穴进行三维浏览,但是不能准确地进行三维分析,如计算表面积、体积等。

要对盐穴进行建模,首先需要充分了解测量数据的专用 dat 文件格式。dat 文件是 ASCⅡ码格式文件,文件的数据格式见表 3-5。此表仅列举了部分数据的格式,完整版本请参阅具体的文件格式说明。根据文件提供的格式可以看到,测量数据是以圆柱坐标的形式表示的,三个轴分别是测量点的深度、半径和方向角,此方向角为测量点与正北方向(本书中定义 x 轴正轴为正北方向)的夹角。如图 3-12 所示,在直角坐标系中 A 点的坐标可由式(3-2)计算

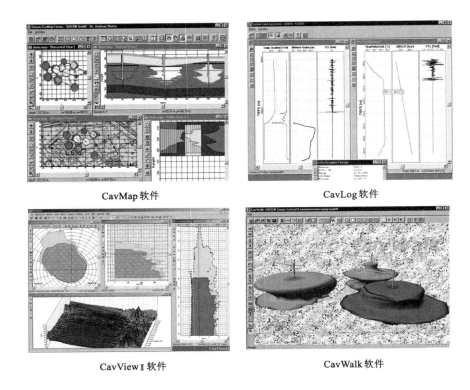

CavMap 软件　　　　　　　　　　CavLog 软件

CavView II 软件　　　　　　　　　CavWalk 软件

图 3-11　CavInfo 软件套件

得出。表 3-6 和表 3-7 是一个实际盐穴的水平和垂直测量数据的片段。

表 3-5　dat 数据文件格式

标记	说明
@	文件头开始
XXXX Y 001	盐穴名称
94 1999	工作号
25.04.1994	测量日期 dd.mm.yyyy
X...	保护数据
1	注释行行数
Bemerkungen...	注释开始
TEXT START GB	文字报告开始

表 3-5(续)

标记	说明
…	…
Results of the Cavity Survey	文字报告
…	…
TEXT END	文字报告结束
#	水平剖面测量数据开始
525.000	相对于井口的深度
2.073	半径
0	方向角
525.000	深度
2.073	半径
3	方向角
…	…
>	水平剖面数据结束,开始垂直剖面数据
522.500	深度
0.339	半径
0	方向角
521.979	深度
1.003	半径
0	方向角
…	…

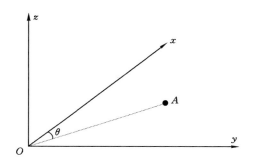

图 3-12　测量数据的坐标变换

表 3-6　某盐穴的部分水平测量数据

序号	x/m	y/m	z/m	深度/m	半径/m	角度/(°)
1	11.813	820.000	20.460	820.000	23.625	30.000
2	12.893	820.000	19.854	820.000	23.673	33.000
3	13.935	820.000	19.180	820.000	23.708	36.000
4	14.920	820.000	18.425	820.000	23.708	39.000
5	15.802	820.000	17.550	820.000	23.616	42.000
6	16.599	820.000	16.599	820.000	23.474	45.000
8	18.271	820.000	14.795	820.000	23.510	48.000

注:表中的 x、y、z 根据深度、半径和角度计算得到。

表 3-7　某盐穴的部分垂直测量数据

序号	x/m	y/m	z/m	深度/m	半径/m	角度/(°)
1	0.389	718.000	−0.674	718.000	0.778	150.000
2	2.047	719.000	−3.545	719.000	4.093	150.000
3	2.555	719.261	−4.425	719.261	5.110	150.000
4	2.881	720.000	−4.990	720.000	5.762	150.000
5	3.635	720.333	−6.296	720.333	7.270	150.000
6	4.674	721.414	−8.095	721.414	9.347	150.000
7	5.347	722.500	−9.261	722.500	10.694	150.000
8	7.057	722.683	−12.223	722.683	14.114	150.000
9	8.314	723.563	−14.399	723.563	16.627	150.000
10	8.094	725.000	−14.019	725.000	16.188	150.000
11	8.191	727.500	−14.187	727.500	16.382	150.000
12	8.274	730.000	−14.331	730.000	16.548	150.000

注:表中的 x、y、z 根据深度、半径和角度计算得到。

$$\begin{cases} y = r \times \sin \theta \\ x = r \times \cos \theta \\ z = 井口高度 + h \times (-1) \end{cases} \tag{3-2}$$

式中,θ 为点 A 的方向角,$0° \leqslant \theta \leqslant 360°$;$h$ 为测量的深度;r 为半径。

　　盐穴的测量数据经过解译之后,可以获得数据点的三维坐标。在用此数据进行三维建模之前,首先需要对测量数据进行预处理。预处理主要是用来检验、校正测量数据,对其中不合理的数据进行修正,并进行插值,本书提出的盐穴数据的预处理过程如图 3-13 所示。

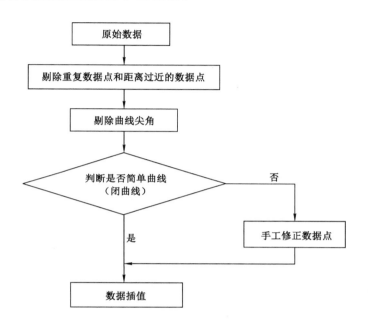

图 3-13 数据预处理过程

(1) 数据点剔除

经过测量得到的第一手数据由于种种原因,存在部分不合理的数据点,如重复的数据点、曲线上的极度凹陷点、曲线交叉、曲线未闭合等,这些不合理数据点需要进行剔除。从图 3-14 与图 3-15 中可以看到,测量的数据点是以水平和垂直剖面线的形式组织的,所以数据点的剔除以水平和垂直剖面线为单位,分别对每一条剖面线去除重复数据点和距离过近的数据点。根据空间两点间距离公式有

$$d^2 = (x_1 - x_2)^2 + (y_1 - y_2)^2 + (z_1 - z_2)^2 \qquad (3-3)$$

式中,(x_1, y_1, z_1) 为空间中 A 点的三维坐标;(x_2, y_2, z_2) 为空间中 B 点的三维坐标;d 为 A、B 两点间的距离。

因为 d^2 与 $|d|$ 在 $d > 0$ 区间内同为单调递增函数,为简化计算,可以取距离的平方来代替绝对值,从而避免开方运算。设 θ 为设定阈值,在本书程序中设定为 0.2,若数据点与同一剖面线上的相邻数据点之间的距离大于或等于

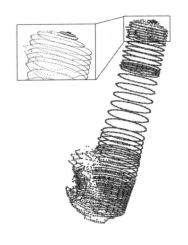
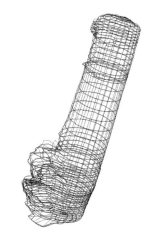

图 3-14　盐穴测量的原始数据点　　图 3-15　盐穴水平和垂直测量剖面线

阈值 θ，则保留此点，否则，丢弃此数据点。

（2）剔除曲线尖角

剔除曲线尖角即剔除曲线上的极度凹陷点，指在盐穴的测量过程中，由于种种原因而会有部分数据存在不合理性，如图 3-16 中的 A 点。这样的数据点在后期建模时会造成插值点波动较大，容易造成表面模型三角形之间相交，应当剔除。从另外一种角度分析，盐穴的建造是采用水溶法建腔的，若盐岩为均质，则在水流的作用下，盐穴腔壁应当是光滑的。在现实中，由于盐岩含有很多其他不溶于水的物质，所以可以考虑为近似光滑，即没有特别异常的尖角。一个真实的盐穴内壁照片如图 3-17 所示。

本书采用的数据过滤方法为按顺序取同一剖面线上相邻的不共线的三个数据点 A、B、C，根据三角形余弦定理［式（3-4）］计算 A 所在的顶点角度。若 A 点的角度小于阈值（本程序中设置为 15°）则认为此点为不合理数据点，即非常尖锐的尖角，应予以剔除。

$$\cos \angle A = \frac{b^2 + c^2 - a^2}{2bc} \tag{3-4}$$

经过前面去除重复点及尖角后的测量数据还要经过是否为简单曲线的检查才能作为插值算法的输入来进行数据插值。

（3）简单曲线判断

所谓简单曲线（Jordan 曲线），即没有重复点的连续曲线，如图 3-18 所

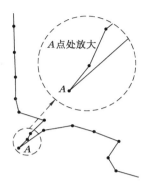

图 3-16　尖角数据点

图 3-17　德国 Bernburg 实验盐穴内部

示。简单闭曲线是首尾相连的简单曲线。由测量的过程可知,在同一个水平或垂直剖面上的一条测量数据点的连线一定为简单曲线(或简单闭曲线)。

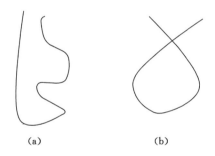

（a）　　　　　　　　　　（b）

图 3-18　简单曲线和非简单曲线

通过测量得到的数据点是离散的点,所以对其进行简单曲线判断可以简化为简单多边形的判断。本书使用简单多边形的判断条件来直接进行判断。

设平面上 n 个点 $p_1, p_2, \cdots, p_n$ 按循环排序方法逆时针排列,p_1 在 p_n 之后,又设 $e_1 = p_1 p_2, e_2 = p_2 p_3, \cdots, e_n = p_n p_1$ 是连接点的 n 条线段,那么当且仅当这些线段满足条件:① 循环排序中相邻线段对的交点是它们之间共有的单个点,$e_i \bigcap e_{i+1} = p_{i+1}$。② 不相邻的线段不相交,$e_i \bigcap e_j = \phi (j \neq i+1, i = 1, \cdots, n)$,$e_{n+1} = e_1$,$p_{n+1} = p_1$,则此多边形为简单多边形。

在盐穴的测量数据中,测量得到的数据点是以剖面线的形式组织,即水平剖面线或垂直剖面线,在同一垂直剖面线上的数据点方向角相同,将此方向角称之为此垂直剖面线的方向角。同一剖面线上的数据点在一个空间平面上,因此可以将三维空间中的数据点映射到二维空间中进行处理以简化计算。

设水平剖面线已经按从正北开始的顺时针方向排列好,垂直剖面线已经按照其方向角和连接顺序排列好,将同一条剖面线的线段按顺序依次放入线段集 D 中。

在本书中采用的简单多边形判断算法如下:

输入:一条剖面线的线段集 D

输出:True 简单多边形;False 非简单多边形

1.　　从 D 中取线段 $d_i \leftarrow D$

2.　　**for** 每一条线段 $d_j \in D, j \neq i$ **do**

3.　　　　求 d_i, d_j 之间的交点 V_{ij} 及交点个数 n

4.　　　　　　**if** V_{ij} 为线段 d_i 的端点 **and** d_i, d_j 为相邻线段 **and** $n = 1$ **then**

5.　　　　　　**else if** $n > 0$ **then**

6.　　　　　　　　　　**return** False

7.　　　　　　**end if**

8.　　　　**end if**

9.　　**end for**

10.　　**return** True

若所输入的水平剖面线、垂直剖面线经简单多边形算法判断后是简单多边形,则进行预处理的下一步,即插值运算,否则需要人工介入修正测量数据点,将不正确的交叉线段进行修正后再进行插值。

3.4　盐穴数据插值方法

由于我们获取地质数据的技术方法只能对盐穴空间中的部分点进行观测,如何根据已知的盐穴空间数据推断并掌握未知的盐穴空间数据,是盐穴测量建模的基本问题。盐穴数据插值的重要作用也是基本目标,就是利用已知数据估计或推测未知数据值,以提高数据的密度,获得相对真实的盐穴空间数据分布。在前文中已经讨论了常用的空间插值算法,但经过用实际测量数据检验,这些方法的插值效果不甚理想,所以本节引入保形埃尔米特插值方法。

3.4.1　埃尔米特插值

盐穴的腔壁由于长期被水冲刷,故近似光滑,可以令其在测量点处一阶导数相等。考虑满足连续和一阶光滑条件的埃尔米特插值问题。

设在节点 $a \leqslant x_0 < x_1 < \cdots < x_n \leqslant b$ 上,$y_j = f(x_j)$,$m_j = f'(x_j)$($j = 0$,$1, \cdots, n$)求插值多项式 $H(x)$ 满足条件

$$H(x_j) = y_j, \quad H'(x_j) = m_j \quad (j = 0, 1, \cdots, n) \tag{3-5}$$

共有 $2N + 2$ 个条件可以唯一确定一个次数不超过 $2n + 1$ 的多项式

$$H_{2n+1}(x) = a_0 + a_1 x + \cdots + a_{2n+1} x^{2n+1} \tag{3-6}$$

采用构造基函数的方法,设

$$H_{2n+1}(x) = \sum_{j=0}^{n} \left[y_j \alpha_j(x) + m_j \beta_j(x) \right] \tag{3-7}$$

其中,基函数 $\alpha_j(x)$ 及 $\beta_j(x)$($j = 0, 1, \cdots, n$)为待定的 $2n + 1$ 次多项式,且满足条件

$$\begin{cases} \alpha_j(x_k) = \delta_{jk} = \begin{cases} 0, & j \neq k \\ 1, & j = k \end{cases} \\ \alpha'_j(x_k) = 0 \\ \beta_j(x_k) = 0 \qquad (j, k = 0, 1, \cdots, n) \\ \beta'_j(x_k) = \delta_{jk} \end{cases} \tag{3-8}$$

利用拉格朗日基函数

$$l_j(x) = \frac{(x - x_0) \cdots (x - x_{j-1})(x - x_{j+1}) \cdots (x - x_n)}{(x_j - x_0) \cdots (x_j - x_{j-1})(x_j - x_{j+1}) \cdots (x_j - x_n)} \tag{3-9}$$

令

$$\alpha_j(x) = (a_1 x + b_1) l_j^2(x) \tag{3-10}$$

可得

$$a_1 = -2 l'_j(x_j), \quad b_1 = 1 + 2 x_j l'_j(x_j) \tag{3-11}$$

于是

$$\alpha_j(x) = [1 - 2(x - x_j) l'_j(x_j)] l_j^2(x) \tag{3-12}$$

同理,可得

$$\beta_j(x) = (x - x_j) l_j^2(x) \tag{3-13}$$

将式(3-12)、式(3-13)代入式(3-7)即可得插值多项式 $H(x)$。

当 $n = 1$ 时,$H_3(x)$ 满足

$$\begin{cases} H_3(x_0) = y_0 \\ H_3(x_1) = y_1 \\ H'_3(x_0) = y'_0 \\ H'_3(x_1) = y'_1 \end{cases} \tag{3-14}$$

这时得到三次埃尔米特插值多项式为

$$H_3(x) = \left(1 - 2 \times \frac{x - x_0}{x_0 - x_1}\right) \left(\frac{x - x_1}{x_0 - x_1}\right)^2 y_0 + \left(1 - 2 \times \frac{x - x_1}{x_1 - x_0}\right) \left(\frac{x - x_0}{x_1 - x_0}\right)^2 y_1 +$$

$$(x - x_0) \left(\frac{x - x_1}{x_0 - x_1}\right)^2 y'_0 + (x - x_1) \left(\frac{x - x_0}{x_1 - x_0}\right)^2 y'_1 \tag{3-15}$$

对于给定的系列值点来说，可以将其转化为分段三次埃尔米特插值，考虑第 i 段区间，令 h_i 为第 i 段区间的长度，即

$$h_i = x_i - x_{i-1} \quad (i = 1, 2, \cdots, n) \tag{3-16}$$

那么一阶差商 δ_{i-1} 为

$$\delta_{i-1} = \frac{y_i - y_{i-1}}{h_i} \tag{3-17}$$

在区间 $x_{i-1} \leqslant x \leqslant x_i$ 上，设 $s = x - x_{i-1}$，并令 $h = h_i$，将式（3-16）、式（3-17）等代入式（3-15），整理后可以得到

$$H_{3j}(x) = \frac{3hs^2 - 2s^3}{h^3} y_i + \frac{h^3 - 3hs^2 + 2s^2}{h^3} y_{i-1} + \frac{s^2(s-h)}{h^2} y'_i + \frac{s(s-h)^2}{h^2} y'_{i-1} \tag{3-18}$$

为方便程序计算，可以将上式继续整理为按 s 为变量的形式

$$\begin{cases} H_{3j}(x) = y_{i-1} + s y'_{i-1} + s^2 c_{i-1} + s^3 b_{i-1} \\ c_{i-1} = \frac{3\delta_{i-1} - 2y'_{i-1} - y'_i}{h_i} \\ b_{i-1} = \frac{y'_{i-1} - 2\delta_{i-1} + y'_i}{h_i^2} \end{cases} \tag{3-19}$$

3.4.2 保形埃尔米特插值

分段三次埃尔米特插值必须提供插值节点上的函数值和导数值，但在此处应用情况下，没有提供导数值，那么如果采用分段三次埃尔米特插值，就必须采用某种方法来给出导数值，保形埃尔米特插值就是这样的一种方法[125]。

在图 3-19 中，虚线表示分段线性插值结果，实线表示多项式插值结果。从图中可以看到，多项式插值比较光滑，但是在数据点之间表现出很大的变化，它超出了给定数值的变化，而分段线性插值的变化是可以预期的按比例变

化,但是曲线不够光滑。因此,分段三次保形埃尔米特插值就是期望为给定的数据点提供一组导数(斜率)值,使得插值曲线避免上述两种极端情况,使曲线达到较理想状态。

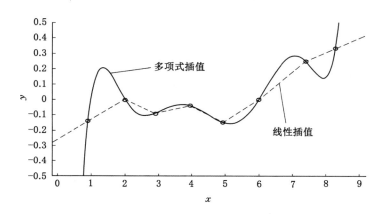

图 3-19 　线性插值和多项式插值

设给定的数据点为 $(x_i, y_i)(i=0,1,2,\cdots,n)$,此时需要提供每一个节点 x_i 对应的导数值或者 (x_i, y_i) 处的斜率,记为 $d_i(i=1,2,3,\cdots,n)$,容易想到,取 d_i 为给定数据的一阶差商 δ_{i-1},公式为

$$\delta_{i-1} = \frac{y_i - y_{i-1}}{h_i}, \quad h_i = x_i - x_{i-1} \quad (i=1,2,3,\cdots,n) \qquad (3\text{-}20)$$

我们知道,斜率是描述曲线形状的一种方法,对于盐穴测量数据点,如何给定斜率 d_i 才能让其在相邻的数据点之间不至于波动太大是一个重要的问题。

确定斜率 d_i 的关键原则是使得插值函数值不会过度地超过给定的数据点值,至少在局部上如此。

若 δ_{i-1} 和 δ_i 符号相反,或者两者之一为零,则 x_i 处函数为离散的最小值或最大值。于是可以设 $d_i=0$,如图 3-20(a)所示,在中央的间断点两边斜率符号相反,因此虚线的斜率为零。图中的曲线是通过两个不同的三次多项式组成的保形插值,这两个三次多项式在中间点处相衔接,其导数皆为零,但是在这个间断点上二阶导数有跳跃。

若 δ_{i-1} 和 δ_i 符号相同,并且两个子区间的区间长度相等,那么 d_i 就取为两侧两个斜率的调和平均值

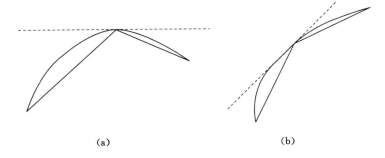

$$(a) \qquad\qquad\qquad (b)$$

图 3-20　保形分段三次埃尔米特插值的斜率

$$\frac{1}{d_i} = \frac{1}{2}\left(\frac{1}{\delta_{i-1}} + \frac{1}{\delta_i}\right) \qquad (3-21)$$

换言之，在中间的这个断点上，这种埃尔米特插值的斜率的倒数是分段线性插值两边斜率倒数的平均值。如图 3-20(b)所示，同样在中间断点处二阶导数有跳跃。

若 δ_{i-1} 和 δ_i 符号相同，但两个子区间的区间长度不同，那么 d_i 为一个加权调和平均，其权重由两个子区间的长度来决定。

$$\frac{w_1 + w_2}{d_i} = \frac{w_1}{\delta_{i-1}} + \frac{w_2}{\delta_i} \qquad (3-22)$$

其中

$$w_1 = 2h_{i+1} + h_i, \quad w_2 = h_{i+1} + 2h_i \qquad (3-23)$$

这样就确定了数据点 (x_i, y_i) $(i=1,2,\cdots,n-1)$ 处的斜率，在数据区间的端点处的斜率 d_0 可通过以下方法确定。

对三点 (x_0,y_0)、(x_1,y_1)、(x_2,y_2) 做两次牛顿多项式 $P(x)$ 来近似 $f(x)$，则

$$P(x) = a_0 + a_1(x - x_0) + a_2(x - x_0)(x - x_1) \qquad (3-24)$$

其中

$$\begin{cases} a_0 = y_0 \\[2mm] a_1 = \dfrac{y_1 - y_0}{x_1 - x_0} = \delta_0 \\[4mm] a_2 = \dfrac{\dfrac{y_2 - y_1}{x_2 - x_1} - \dfrac{y_1 - y_0}{x_1 - x_0}}{x_2 - x_0} = \dfrac{\delta_1 - \delta_0}{h_1 + h_2} \end{cases} \qquad (3-25)$$

$P(x)$ 的导数为

$$P'(x) = a_1 + a_2 \left[(x - x_2) + (x - x_1) \right] \tag{3-26}$$

当 $x = x_0$ 时,有

$$P'(x_0) \approx f'(x_0)$$

代入后化简可得

$$f'(x_0) = \frac{(2h_1 + h_2)\delta_0 - h_1\delta_1}{h_1 + h_2} \tag{3-27}$$

即

$$d_0 = \frac{(2h_1 + h_2)\delta_0 - h_1\delta_1}{h_1 + h_2} \tag{3-28}$$

为保证在区间内单调,Fritsch 等[126-131]已经证明 δ_{n-2} 需要满足下列条件:

(1) 如果 d_0 与 δ_0 符号不同,则 $d_0 = 0$。

(2) 如果 δ_0 与 δ_1 符号不同,且 $|d_0| > |3\delta_0|$,则 $d_0 = 3\delta_0$。

d_n 的确定方法类似,具体如下:

$$d_n = \frac{(2h_{n-1} + h_{n-2})\delta_{n-1} - h_{n-1}\delta_{n-2}}{h_{n-1} + h_{n-2}} \tag{3-29}$$

同理满足下列条件:

(1) 如果 d_n 与 δ_{n-1} 符号不同,则 $d_n = 0$。

(2) 如果 δ_{n-1} 与 δ_{n-2} 符号不同,且 $|d_n| > |3\delta_{n-1}|$,则 $d_n = 3\delta_{n-1}$。

将按以上方法确定的导数 d_i 代入式(3-19),即可以得到保形埃尔米特插值公式

$$\begin{cases} H_{3j}(x) = y_{i-1} + sd_{i-1} + s^2c_{i-1} + s^2b_{i-1} \\ c_{i-1} = \dfrac{3\delta_{i-1} - 2d_{i-1} - d_i}{h_i} \\ b_{i-1} = \dfrac{d_{i-1} - 2\delta_{i-1} + d_i}{h_i^2} \end{cases} \tag{3-30}$$

图 3-21、图 3-22、图 3-23、图 3-24 所示为用同样的一组数据点分别对比多边形插值、Spline 插值、保形埃尔米特插值的效果。

图 3-21 所示为多项式插值,从图中可以看到实线的插值曲线变化较大,有越界的部分。图 3-22 所示为广泛使用的 Spline 插值效果,同样可以看到,实线的插值曲线虽然比多项式插值越界要小一些,但是依然存在较为剧烈的波动。而从图 3-23 中可以看到,实线的插值曲线变化相比前两条曲线要平缓了很多,非常平稳。图 3-24 所示为三种插值方式在一起的对比图。

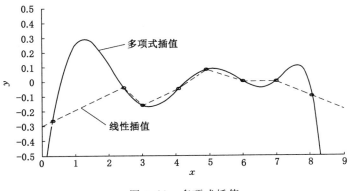

图 3-21　多项式插值

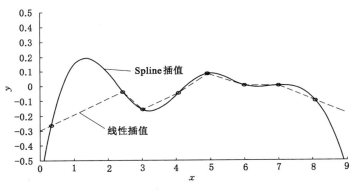

图 3-22　Spline 插值

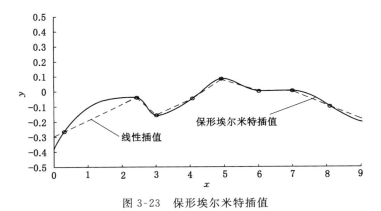

图 3-23　保形埃尔米特插值

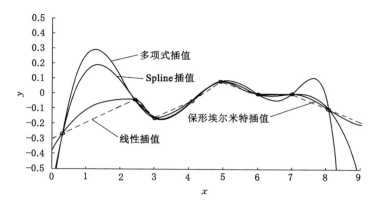

图 3-24　三种插值方法对比

图 3-25、图 3-26 所示为用保形埃尔米特插值方法对某盐穴的测量数据进行插值的效果。

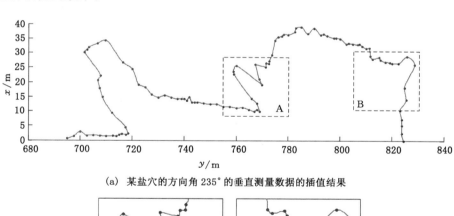

（a）某盐穴的方向角 235° 的垂直测量数据的插值结果

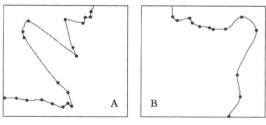

（b）A、B 部分放大效果

图 3-25　用保形埃尔米特方法对某盐穴垂直测量数据进行插值的结果

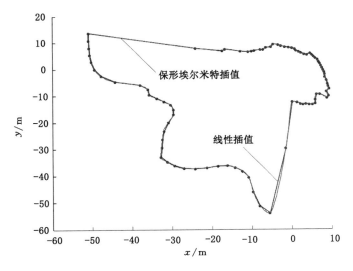

图 3-26　用保形埃尔米特方法对某盐穴水平
测量数据进行插值的结果

　　图 3-25(a)为某盐穴的方向角为 235°的垂直测量数据进行插值的结果，图 3-25(b)为图 3-25(a)中 A、B 部分的放大效果。由图中可以看出，盐穴的测量数据波动较大，但是保形埃尔米特方法的插值结果依然比较平稳，没有出现较大的波动，所以适用于对盐穴数据的插值，而样条函数插值方法会出现越界现象，有可能造成曲面相交，并不适用于盐穴数据插值。

3.5　小结

　　本章对盐穴测量数据的采集与预处理方法进行了研究。首先针对盐穴测量这一特种测量方式进行了介绍，讨论了目前国际上比较先进的盐穴测量方法、原理及测量过程，对盐穴测量数据的组织形式进行了详细的说明。结合盐穴测量方法和数据组织形式的特点建立了盐穴测量数据检验、校正和数据插值的流程。研究了盐穴测量数据的插值方法，通过对埃尔米特插值方法原理的研究，分析了其产生畸变的原因，进而引入了抑制畸变的保形埃尔米特插值方法，使用真实的盐穴测量数据对保形埃尔米特插值方法在数据插值中的适用性进行了测试。经过预处理后的盐穴测量数据为后续建立高质量的盐穴表面模型和体数据模型提供了数据基础。

第4章　盐穴表面模型建模

如前文所述,盐穴的测量数据是以剖面线形式组织的,剖面线主要分为水平剖面线和垂直剖面线两种。其中,垂直剖面线又可以分为外垂直剖面线和内垂直剖面线。对盐穴表面模型的建模可以借鉴目前已有的剖面线建模方法,本章在分析了盐穴剖面线的特点基础上重点研究了利用盐穴垂直剖面线建立盐穴表面模型的方法。本书提出的建模思路是首先对外垂直剖面线进行表面模型建模,然后对内垂直剖面线进行分类、延展和三角剖分建立面模型,最后将其与外垂直剖面线建立的面模型进行布尔运算求得盐穴表面模型。

4.1　剖面线建模概述

基于二维剖面线建立三维表面,就是从一系列的剖面线中推断出相应实体的几何结构。此种重构方法早在 20 世纪 70 年代开始就已经引起人们的注意,从简单到复杂,不断有新的研究成果问世。如果在相邻两层的平面上,各自只有一条剖面线,那么对其三维表面重构可以称之为单剖面线重构问题,如果在相邻两层的平面上(或其中之一)有多条剖面线,则称为多剖面线重构问题。为简化起见,首先考虑单剖面线重构问题,如图 4-1 所示。

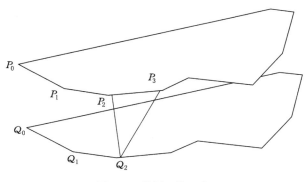

图 4-1　单剖面线重构

图 4-1 中,线段 P_2Q_2、P_3Q_2 称为跨距,很显然,一条剖面线线段以及将该线段两端点与相邻剖面线上的一点相连的两段跨距构成了一个三角面片,称为基本三角面,而该两段跨距则分别称为左跨距(P_2Q_2)和右跨距(P_3Q_2)[132]。Fuchs 等[83]指出,连接两条剖面线的各个点所形成的众多基本三角面,应该能构成相互连接的三维表面,而且相互之间不能在三角面片内部相交,因此,只有满足下列两个条件的三角面片集合才是合理的:

① 每一条剖面线线段必须在且只能在一个基本三角面片中出现,因此,如果上、下两条轮廓线各有 m、n 个轮廓线段,那么,合理的三维表面模型将包含 $m+n$ 个基本三角面片。

② 如果一个跨距在某一基本三角面片中为左跨距,则该跨距是而且仅是另一个基本三角面片的右跨距。

Fuchs 等[83]将符合上述条件的三角面片集合称为可接受的形体表面,可见,对于相邻两条轮廓线及其上的点列而言,符合上述条件的可接受的形体表面可以有多种不同的组合。在盐穴的实际情况中,也并非所有的可接受形体表面均为合理的表面形式。

一些学者从不同的角度提出了多种算法,Keppel[84]提出了最大体积法,Fuchs 等[83]提出了最小表面积法,以及最短对角线法、切开-缝合法、同步前进法等,另外还有一种前文提及的在盐穴测量实际中使用的 N 等分方法。

(1)最大体积法和最小表面积法

对两个凸剖面线来说,Fuchs 等[83]和 Keppel[84]用有向图来表示相邻两条剖面线及其上点列之间的关系。设两条剖面线的点分别为 $P_1,P_2,P_3,\cdots,P_m$ 和 $Q_1,Q_2,Q_3,\cdots,Q_n$,则可以用一个 m 列 n 行的有向图来表示点列以及其间的连接关系,图中每一个节点都表示一段跨距。用 $V_{i,j}$ 表示点 P_i 与点 Q_j 之间的跨距,则图中的弧(连接节点之间的线段)对应于所有可能的基本三角面。一条弧$[V_{i,j},V_{i,j+1}]$从节点 $V_{i,j}$ 指向节点 $V_{i,j+1}$,表示了一条剖面线线段从基本三角面的左跨距出发指向该三角面片的右跨距,在图中表现为将第 j 列的节点与第 $j+1$ 列的节点连接起来的线段。则一组可接受表面即为对应节点 $V_{1,1}$ 开始到 $V_{m,n}$ 结束的一条路径,如图 4-2 所示。

Fuchs 等[83]采用优化的方法来确定可接受表面,使用的方程是选择三角面片使连接生成的表面积为最小,即可以设有向图中每条弧有一个面积权值 ϕ_i,则 Fuchs 等的方法即为求 $\phi = \sum_{i=1}^{m+n} \phi_i$ 最小。同理,Keppel 则定义权值 φ_i 为该三角面片所包围的体积。这两种算法均为全局最优化算法,效率偏低,有时

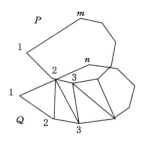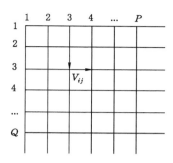

图 4-2　Keppel 和 Fuchs 算法

会出现异常[132]。

（2）最短对角线法

最短对角线法是一种常见的局部优化算法,算法的基本原理是将两条剖面线投影、缩放、平移到以同一原点为中心的单位正方形内,以保证大小和形状相近,然后在两条剖面线上寻找最近的对角线,即以跨距最短来构造三角面片,逐步扩展成为三角面片链。在寻找过程中,不断比较 P_iQ_{j+1} 和 $P_{i+1}Q_j$ 的长度,实际相当于比较四边形的对角线长度,因此命名为最短对角线法[133]。完成三角面片连接之后,需要进行反变换,将各剖面线还原为原来的位置。

最短对角线法算法简单、容易理解。实验证明,在上、下两条剖面线的大小、形状和点数相差不大的情况下,这一方法生成的表面较为光滑,质量较好,然而当剖面线上的点数差异较大或形状差异较大时,则易出现错位连接,产生扭曲较大的三角网。

（3）切开-缝合法

马洪滨等[134]提出了切开-缝合法,该算法将相邻剖面线通过坐标转换转换到同一平面上,对剖面线进行平移、缩放使其中心重合、大小一致,搜索最近的点作为控制点对,将剖面线从控制点对处切开,并将其展开成平行的两条直线段,将线段上所有的顶点纳入平面点集,建立 Delaunay 三角网,最后将两条轮廓线从切开处缝合,还原坐标,完成三维重构。

该算法采用 Delaunay 三角网进行优化,算法较为复杂,当轮廓线点数相差较多时容易产生交叉现象,当出现错位连接或与实际情况不符时,通常需要添加控制线进行约束。

（4）同步前进法

Ganapathy 等[135]提出了同步前进法,这一方法的思想是在用三角面片连接相邻剖面线上的点列时,使连接的操作尽可能地在两条剖面线上同步进行。此方法对每个基本三角面片赋予权值 ϕ_i,其含义为该三角面片的剖面线线段的长度除以该线段所在剖面线的周长所得的值。显然,对于一个可接受的表面来说,有

$$\begin{cases} \phi_h = \sum_{i=1}^{n} \phi_i = 1 \\ \phi_v = \sum_{j=1}^{m} \phi_j = 1 \end{cases} \tag{4-1}$$

因此,使三角形连接操作在两条剖面线上得以近似地同步进行的准则可以描述如下:在任何一步,三角面片的连接都应使得两条剖面线上的权值之和的差值最小。按此规律,在构成可接受表面时,该差值为零。此算法一般选择两条剖面线上具有最小坐标值的一对点作为起点,首先将其连接,然后构造上述算法。此算法实现简单,对凸轮廓线之间的表面建模效果较好,但当两个轮廓线凹凸差别过大或点数相差较大时容易产生错位。

4.2　剖面线空间关系分析

地质结构的复杂性造成了盐穴形状的复杂性。在盐穴的测量过程中,测量数据解译之后生成的水平剖面线、垂直剖面线代表了盐穴的形状信息,是对同一个地质现象的不同解译方式,都代表了同一个盐穴的测量信息,可以采用其中的任何一种来进行三维表面建模。下面对两种剖面线分别进行讨论。

4.2.1　垂直剖面线

垂直剖面线可以分成外垂直剖面线和内垂直剖面线两种,如图 4-3 所示。从盐穴的测量过程可知,盐穴的测量是在盐穴内部使用超声波测量的方式进行的,所以测量得到的数据点即为超声波信号在盐穴腔壁上的反射点。由此可知,从盐穴内部的测量仪器到测量点之间为盐穴内部的中空部分(也可能填充有空气、石油、天然气、卤水等物质),也就是满足了通视条件。外层的非闭合曲线为盐穴的腔壁形状,内侧的一条闭合曲线(也称为隐藏的垂直剖面线)表示在盐穴测量过程中超声波遇到了障碍物,这个障碍物的形成是由于地质构造所造成的,有一些岩石延伸进入了盐穴内部,在造腔过程中没有被水溶解带出。所以内侧的闭合曲线为盐穴内部的一个岩石体,而岩石体在盐穴内部

图 4-3　某盐穴方向角 235°处的垂直剖面线

是不可能悬空存在的,其必定连接到盐穴腔壁的某处。由图 4-3 中剖面线的连接形式可以看出,此岩石体应是在接近垂直于纸面的方向与盐穴的腔壁连接,即水平方向延伸进入盐腔。因此,内侧的闭合曲线即为此岩石体延伸进入盐穴体内部分的垂直剖面线,在本书中称这种剖面线为内垂直剖面线,称表示盐穴腔壁形状的垂直剖面线为外垂直剖面线。被内垂直剖面线所遮挡的外垂直剖面线上的测量点可以通过测量时进行的倾斜测量来得到。通过倾斜测量的方式可以从盐穴内部不同深度绕过障碍物(延伸进来的岩石体)测量被障碍物遮挡(从测量仪器的位置面向岩石体,被岩石体遮挡住的部分)的腔壁部分,在此过程中需要人工辅助分析。同时,无论是内垂直剖面线还是外垂直剖面线,测量点的分布都是不均匀的。图 4-3 所示剖面线即为在图 4-4 中沿顺时针方向从一个盐穴垂直剖面线集合中提取的位于 235°位置的垂直剖面线。从图 4-4 中可以看出,在盐穴的测量数据中,所有的内垂直剖面线和外垂直剖面线均是按均匀角度排列的,从盐穴顶部(底部)来看呈放射状形式,放射状的中心本书称之为盐穴的中轴。从盐穴的测量方式及数据组织方式对剖面线进行分析,可以得到以下特点:

(1)构成一条内垂直剖面线的线段能够围成一个多边形。在测量数据正确的情况下,从盐穴的测量方法和地质构造来分析,由内垂直剖面线的物理含

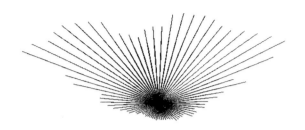

图 4-4　垂直剖面线俯视图

义易知其代表的是延伸进入盐穴内部的岩石体,岩石体必然是有界的,所以不可能存在不闭合的情况。若其不闭合,则只存在一种可能性,即岩石体连接到了盐穴腔壁上,那么此内垂直剖面线一定为外垂直剖面线的一部分,应将其与相应的外垂直剖面线合并为一条外垂直剖面线。

(2)一条内垂直剖面线所围成的多边形可以近似为简单多边形。由简单多边形的定义可知,若多边形为非简单多边形,则一定存在 A 点为多边形的两个非相邻边的交点。由盐穴的测量方式可知,若图 4-5 所示的情况存在,则说明交点 A 为两个岩石体的交点。盐穴的测量方式并非极其精确,而且这种情形实际存在的概率极小,即使存在,也可以通过将交点 A 分裂成为 A_1 和 A_2 两个点的方式将其简化成为两条内垂直剖面线。为简化算法,在建模过程中可以认为内垂直剖面线所围成的多边形为简单多边形。

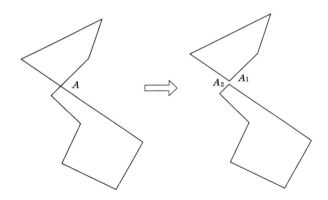

图 4-5　相交内垂直剖面线交点分裂

(3)同一方向角上的内垂直剖面线与外垂直剖面线之间不能相交。若二者相交,则图 4-6 所示的情况存在,这表示 A 点在岩体内部,不可能被测量到,故此种情况不可能存在。

（4）同一方向角上,内垂直剖面线围成的多边形应位于中轴与同一方向角上的外垂直剖面线所围成的多边形内部。由上一特点可知,内垂直剖面线与外垂直剖面线不相交,则内垂直剖面线存在两种可能,如图 4-7 中 A 或 B 所示的情形。若为 B 所示的情形,则图中的 Q 点由于有盐穴腔壁的阻挡,与中轴之间不满足通视条件,不能被测量到,故不可能存在;而若 A 与中轴相交,则意味着测量仪会与 A 所代表的岩石体相遇并穿过,故不能存在,所以只存在图中 A 所示的情形。

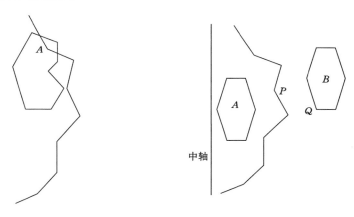

图 4-6　内垂直剖面线与外垂直剖面线相交　　图 4-7　内、外垂直剖面线之间的关系

（5）中轴与一条外垂直剖面线连接所围成的多边形为简单多边形。如图 4-8 所示,若外垂直剖面线中的非相邻线段存在交点,则必然存在点 A 不满足通视条件,不能存在。故外垂直剖面线不可能自相交,而且外垂直剖面线与中轴之间只能在两个端点处连接,不存在其余交点,所以中轴与外垂直剖面线连接所围成的多边形为简单多边形。

（6）所有的内垂直剖面线所围成的多边形之间互不相交。由以上的分析可知,在同一个方向角上的两条内垂直剖面线是不能相交的,而在不同方向角上的内垂直剖面线则位于两个不同角度的空间平面上,也是不可能相交的。因此,所有的内垂直剖面线围成的多边形之间互不相交。

（7）除剖面线与中轴线的交点外,所有的外垂直剖面线之间互不相交。由测量方式可知,所有的外垂直剖面线均代表了空间中不同角度的盐穴腔

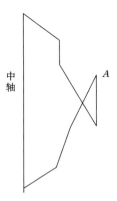

图 4-8　外垂直剖面线自相交

壁形状,相互之间位于不同角度的平面上,故除与中轴线的交点外不可能存在其他交点。

（8）若位于某一方向角的一条内垂直剖面线满足以下两个条件:① 其逆时针（顺时针）方向的相邻方向角上没有与之对应的内垂直剖面线,且其在此相邻方向角的 z-ρ 平面的投影位于此方向角的外垂直剖面线的内部;② 其顺时针（逆时针）方向的相邻方向角上有与之对应的内垂直剖面线,或其在此方向角的 z-ρ 平面的投影位于此方向角的外垂直剖面线的外部,则此内垂直剖面线代表的岩石体应为从顺时针（逆时针）方向延伸进入盐穴内部为最大可能。

从测量过程和前文的分析可知,若盐穴内部的岩石体从盐穴上方延伸进入盐穴,其应该在垂直剖面线上体现为外垂直剖面线的一部分,而不是内垂直剖面线的一部分。

由条件一可以得出:此垂直剖面线在逆时针（顺时针）方向上的相邻方向角上没有与之对应的内垂直剖面线,且其在此相邻方向角的 z-ρ 平面的投影在此方向角的外垂直剖面线的内部,因而表示在此方向上,其为延伸进入盐穴内部的岩石体的末端。

由条件二可以得出:其顺时针（逆时针）方向的相邻方向角上有与之对应的内垂直剖面线或其在此方向角的 z-ρ 平面的投影在外垂直剖面线的外侧,因而说明此岩石体可能是从这个顺时针（逆时针）的相邻方向角上沿逆时针（顺时针）方向延伸进入盐穴的。

从图 4-9 和图 4-10 中可以看到,图中的内垂直剖面线在其顺时针和逆时针方向的相邻方向角上均没有与之对应的内垂直剖面线,但其在顺时针方向的相邻方向角上的 z-ρ 平面的投影在此方向角的外垂直剖面线的外侧,故延伸进入盐穴内部的岩石体最大的可能性是从顺时针方向的下一个方向角上的外垂直剖面线外部开始延伸进入盐穴的,沿逆时针方向到达此内垂直剖面线所在的方向角,但是并没有继续伸入到逆时针方向的上一个方向角上。

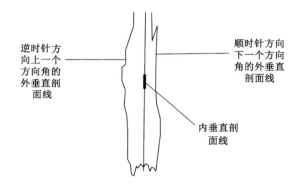

图 4-9　从中轴线沿半径方向看的垂直剖面线

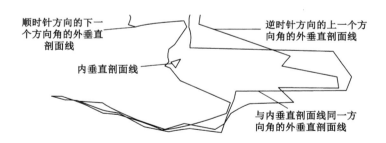

图 4-10　逆时针方向看的垂直剖面线

4.2.2　水平剖面线

　　图 4-11 完整地显示了一个实际盐穴的水平剖面线和垂直剖面线。从图 4-11 中可以看出,实际盐穴的水平剖面线和垂直剖面线均比较复杂,这种复杂是由于不同地质条件下岩盐溶解速度不均等因素所造成的。可以运用与垂直剖面线分析同样的方法对水平剖面线进行分析。由测量过程可知,若多

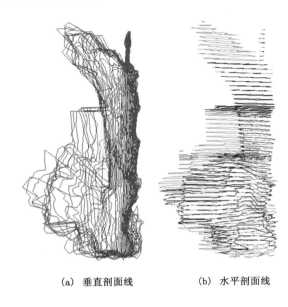

(a) 垂直剖面线　　　(b) 水平剖面线

图 4-11　某盐穴的垂直剖面线和水平剖面线

条水平剖面线相互之间不相交、不重叠，则均代表盐穴内部空间，且此种情况意味着盐穴存在着分支；若水平剖面线所围成的多边形有重叠，则表明被外部水平剖面线围成的多边形所包含的内部水平剖面线围成的多边形代表的是延伸进入盐穴内部的岩石体。由垂直剖面线的特点同理可以得到水平剖面线的一些特点：

（1）构成一条水平剖面线的线段能够围成一个多边形。

（2）一条水平剖面线围成的多边形可以考虑为简单多边形。

（3）水平剖面线彼此之间互不相交。

图 4-12 所示是某盐穴的测量深度为 715 m 的水平剖面线。从图 4-12 中可以看出，水平剖面线在同一测量深度上可能存在多条，在此例中表现为分支。

图 4-13 所示为某盐穴 715 m 和 717.5 m 相邻两个深度的水平剖面线。从图 4-13 中可以看出，水平剖面线除形状复杂外，还存在较为复杂的分支、对应、尖灭等情形，即某两个相邻的测量深度上均有多条水平剖面线的复杂情形。

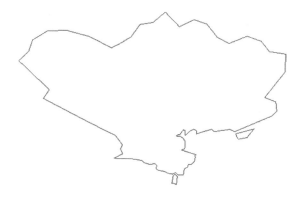

图 4-12 某盐穴测量深度 715 m 的水平剖面线

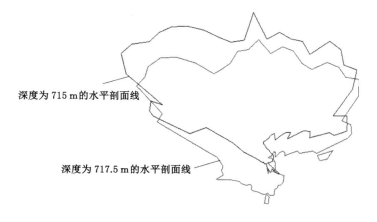

图 4-13 某盐穴相邻两个测量深度的水平剖面线

4.3 外垂直剖面线建模方法

根据前文对盐穴的测量数据观察分析得到的特点可知,其外垂直剖面线一定是盐穴的腔壁,而且其与中轴线围成的多边形一定是简单多边形,而无论是水平剖面线还是垂直剖面线,均为对同一个盐穴的不同方式的解译,所以在进行建模的时候可以选择以水平剖面线的形式或者以垂直剖面线的形式进行。本书先讨论外垂直剖面线的建模方法,首先提出了空间最近点建模方法(SNPM,Space Nearest Point Method)。

4.3.1 空间最近点建模方法

经过前文分析可以知道,盐穴的垂直剖面线分为外垂直剖面线和内垂直剖面线,根据其实际的含义,外垂直剖面线代表盐穴腔壁,内垂直剖面线代表从盐穴体外延伸进入盐穴内部的岩石体,需要在建模的时候分别予以考虑,首先讨论外垂直剖面线。

盐穴的外垂直剖面线数据是呈顺时针方向排列的,设一次测量的外垂直剖面线按方向角顺时针方向从小到大排列为

$$\varphi = \{\varphi_1, \varphi_2, \cdots, \varphi_i, \cdots, \varphi_n\} \quad (\varphi_{i-1} < \varphi_i < \varphi_{i+1}, 1 \leqslant i \leqslant n) \quad (4\text{-}2)$$

定义 $\mathrm{Line}(\varphi_i)$ 为角度 φ_i 的外垂直剖面线,$\mathrm{Point}_{i,j}(i=1,2,3,\cdots,n; j=1,2,3,\cdots,k)$ 代表 $\mathrm{Ling}(\varphi_i)$ 上的数据点,每个数据点的直角坐标系坐标定义为 $\mathrm{Point}_{i,j}=(x_{i,j}, y_{i,j}, z_{i,j})$,圆柱坐标系定义 $\mathrm{Point}_{i,j}=(\rho_{i,j}, \varphi_i, z_{i,j})$,其中 $\rho_{i,j}$、φ_i、$z_{i,j}$ 分别代表此点的径向距离、方向角和高度,则可知 $x_{i,j}=\rho_{i,j}\cos\varphi_i$,$y_{i,j}=\rho_{i,j}\sin\varphi_i$,$z_{i,j}=z_{i,j}$。

空间最近点法建模方法[136]整体分为两个环节,第一个环节为近似均匀化插值,第二个环节为三角网生成算法。

由于原始的垂直剖面线数据点分布不均匀,为了避免因为数据点分布不均匀而带来的重构易畸变问题,对其进行保形埃尔米特插值之后第一步是进行近似均匀化插值。

(1) 近似均匀化插值

定义 $d_{\min}$ 为同一条垂直剖面线上的两个相邻数据点之间可接受的最小距离阈值,代表了近似均匀化插值的密度,在本系统中设置为 0.5,可以根据盐穴数据的实际情况进行修改。依次取 $\mathrm{Line}(\varphi_i)$ 上相邻的两个数据点 $\mathrm{Point}_{i,j}$ 和 $\mathrm{Point}_{i,j+1}$,计算其欧氏距离

$$D_{j,j+1} = \sqrt{(x_{i,j} - x_{i,j+1})^2 + (y_{i,j} - y_{i,j+1})^2 + (z_{i,j} - z_{i,j+1})^2} \quad (4\text{-}3)$$

则点 $\mathrm{Point}_{i,j}$ 和 $\mathrm{Point}_{i,j+1}$ 之间插值点的个数为

$$\mathrm{Count} = \left\lfloor \frac{D_{j,j+1}}{d_{\min}} + \frac{1}{2} - 1 \right\rfloor \quad (4\text{-}4)$$

式中,$\lfloor\ \rfloor$ 表示向下取整运算;Count 为插值点的个数。

若 $\mathrm{Count} \leqslant 0$ 则 $\mathrm{Point}_{i,j}$ 和 $\mathrm{Point}_{i,j+1}$ 之间不进行插值运算。

通过上式可知:

① 若 $D_{j,j+1} < 1.5 \times d_{\min}$,不进行插值,表示 $\mathrm{Point}_{i,j}$ 和 $\mathrm{Point}_{i,j+1}$ 之间的距离原本就比较接近 $d_{\min}$;

② 若 $D_{j,j+1} \geqslant 1.5 \times d_{\min}$,进行插值,表示 $\mathrm{Point}_{i,j}$ 和 $\mathrm{Point}_{i,j+1}$ 之间的距离

较远,需要插入数据点。

通过以上方法保证了每两个相邻数据点之间的距离近似在 $d_{\min}$ 左右,不会差距太远。

(2)三角网生成算法

从方向角最小的外垂直剖面线开始,依次取相邻的 φ_i 和 φ_j 两条外垂直剖面线 $\text{Line}(\varphi_i)$ 和 $\text{Line}(\varphi_j)(j=i+1)$。其上数据点的个数分别记为 $i_{\max}$ 和 $j_{\max}$。

第一步:在 $\text{Line}(\varphi_i)$ 上,从端点处开始,依次取两个点 $\text{Point}_{i,n}$ 和 $\text{Point}_{i,n+1}(1\leqslant n\leqslant i_{\max}-1)$,计算其中点

$$\text{MP}=\left(\frac{x_{i,n}+x_{i,n+1}}{2},\frac{y_{i,n}+y_{i,n+1}}{2},\frac{z_{i,n}+z_{i,n+1}}{2}\right) \tag{4-5}$$

第二步:在 $\text{Line}(\varphi_j)$ 上依次取点 $\text{Point}_{j,k}(1\leqslant k\leqslant j_{\max})$,计算其与 MP 之间的欧式距离,找到与 MP 距离最近的点 $\text{Point}_{j,m}(1\leqslant m\leqslant j_{\max})$。

第三步:连接点 $\text{Point}_{i,n}$,$\text{Point}_{i,n+1}$ 和 $\text{Point}_{j,m}$ 构成为一个三角形,记为 $\triangle_{,n+1,m}$,将其放入三角形链表 List 中。

第四步:在三角形链表 List 中寻找与 $\triangle_{n,n+1,m}$ 相交的三角形,进行去交叉处理。

此三角形只可能有图 4-14 中 P_1、P_2、P_3 所示几种交叉形式存在:

① 若为图 4-14(a)所示的情形,则把此相交的三角形 $\triangle_{P_1,P_2,P_3}$ 的顶点 P_3 替换为 $\text{Point}_{j,m}$,即可以消除交叉。

② 若为图 4-14(b)所示的情形,则把此相交的三角形 $\triangle_{P_1,P_2,P_3}$ 的顶点 P_3 替换为 $\text{Point}_{j,m}$,即可消除交叉。

③ 若为图 4-14(c)所示的情形,则把此相交的三角形 $\triangle_{P_1,P_2,P_3}$ 删除,即可以消除交叉。

第五步:在 $\text{Line}(\varphi_j)$ 上,若点 $\text{Point}_{j,m}$ 与之前构成的三角形的顶点 P_1 之间还有一些点没有加入三角形中,如图 4-15(a)中 P_2、P_3 所示,则从 P_1 开始到 $\text{Point}_{j,m}$,按顺序从小到大分别取两个点与 $\text{Point}_{i,n}$ 相连接,构成三角形如图4-15(b)所示,并将生成的三角形加入三角形链表 List 中。

第六步:对已生成的三角网补洞处理。

将 $\text{Line}(\varphi_j)$ 上所有的点均加入三角形后,若 $\text{Line}(\varphi_j)$ 上仍然有点没有加入三角形,如图 4-15(b)中 P_4、P_5 所示,则从 $\text{Line}(\varphi_j)$ 上的最后一个三角形的顶点 $\text{Point}_{j,m}$ 开始依次取两点与 $\text{Line}(\varphi_i)$ 的最后一个点 $\text{Point}_{i,i_{\max}}$ 相连接,构成三角形,将构成的三角形加入三角形链表 List 中。

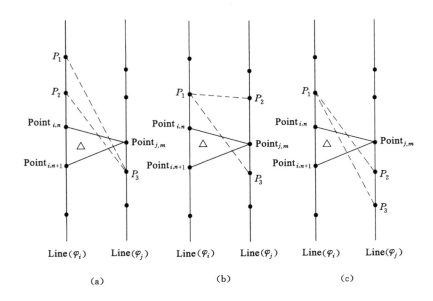

图 4-14 三角形相交

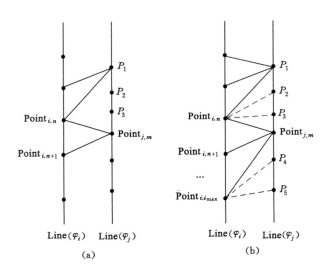

图 4-15 三角形连接

同理,若 $\text{Line}(\varphi_j)$ 上最初还有点没有加入三角形,则在 $\text{Line}(\varphi_j)$ 上从端

点处依次取两点与 Line(φ_i) 的第一个点相连,将构成的三角形加入三角形链表 List 中。

第七步:继续按顺序选择顺时针方向的两条外垂直剖面线 Line(φ_j) 和 Line(φ_{j+1}),重复前面六步,直到所有的外垂直剖面线均建立完成。

第八步:取最后一条外垂直剖面线和第一条外垂直剖面线,重复前面的第一至六步,将盐穴进行封闭。

至此,基于空间最近点法的外垂直剖面线表面模型构建完成。

将两条外垂直剖面线的三角网生成算法用伪代码表示如下:

输入:两条垂直剖面线 Line(φ_i) 和 Line(φ_j)
输出:List 三角网

```
1     List ＝ NULL   初始化三角形列表为空
2     PointCount_i ＝ Line(φi) 的数据点的个数
3     PointCount_j ＝ Line(φj) 的数据点的个数
4     Last T＝0 初始化为 0,表示上次三角形面建立时选中在 Line(φj) 上的数据点
5     for n＝1 to PointCount_i －1 do
6         MP＝Point(i,n) 和 Point(i,n+1) 的中点
7         MinDistance ＝ 浮点数的最大值
8         for k＝1 to PointCount_j do
9             CurrentDistance ＝ MP 与 Point(j,k) 之间的欧氏距离
10            if CurrentDistance＜MinDistance then
11                T＝k 记录下距离最近的点
12                MinDistance＝CurrentDistance
13            end if
14        end for
15        List.Add＜Point(i,n) , Point(i,n+1) , Point(j,t)＞
16        if T ＜ Last T then
17            for k ＝ 1 to List.Count do
18                if List 中的三角形与当前三角形相交 then
19                    记此相交三角形为△及其三个顶点
20                    if △ 的两个顶点在 Line(φj) 上 and
                         此两个顶点均大于 Point(j,t) then
```

```
21                     List.Remove(△)
22              end if
23              if △在 Line(φ_j)的顶点在 Point_{j,t} 两边 or
                     △的一个顶点在 Line(φ_j)上 then
24                   将交叉的三角形在 Line(φ_j)上的顶点替换成 Point_{j,t}
25              end if
26          end if
27          end for
28      else
29          for k = Last T to T do
30              List.add<Point_{i,n}, Point_{j,k}, Point_{j,k+1}>
31          end for
32      end if
33  end for
34  for k = T to PointCount_j − 1 do
35      List.add<Point_{i,n}, Point_{j,k}, Point_{j,k+1}>
36  end for
```

图 4-16 显示了对一个复杂盐穴依据空间最近点建模算法建立的表面模型实例。

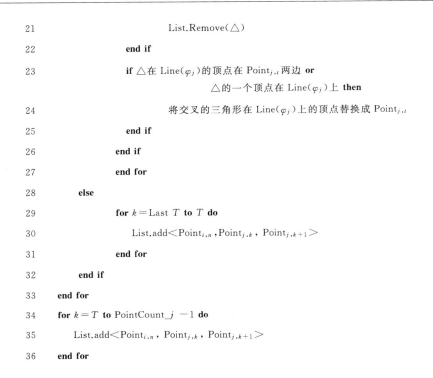

(a) 局部三角网   (b) 整体建模结果

图 4-16 一个复杂盐穴的空间最近点法建模结果

图 4-17 显示了对一个形状较为简单的盐穴建立的表面模型实例。

（a）局部三角网　　　　　　　　　（b）整体建模结果

图 4-17　一个简单盐穴的空间最近点法建模结果

4.3.2　改进的空间最近点建模方法

在空间最近点法的建模过程中，当出现外垂直剖面线过于向上弯曲的情形时，往往会出现一些不恰当的建模结果，如图 4-18 所示。

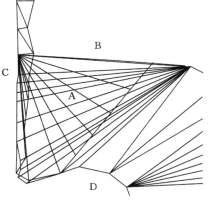

（a）非最佳连接的表面　　　　　　（b）非最佳连接的三角网

图 4-18　在 SNPM 方法中的一种非最佳连接情况

在图 4-18 中，相邻的两条外垂直剖面线依据 SNPM 建模方法生成的三角形在图中 A 所示的部分形成了交叉，但是根据盐穴的实际情况来分析，更合理的选择应该是连接 B 和 D 这两个部分，而不是 C。为了克服 SNPM 的这种缺点，本书提出了改进的空间最近点（ISNPM，Improved Space Nearest Point Method）建模算法[137]。

ISNPM 算法同样也是分为两个大环节，第一个环节是近似均匀化插值，第二个环节是三角网生成。第一个近似均匀化插值环节和 SNPM 相同，在此不再赘述。三角网生成方法如下：

从方向角最小的外垂直剖面线开始，依次取相邻的 φ_i 和 φ_j 两条外垂直剖面线 $\mathrm{Line}(\varphi_i)$ 和 $\mathrm{Line}(\varphi_j)(j=i+1)$，其上数据点的个数分别记为 $i_{\max}$ 和 $j_{\max}$。

第一步：在 $\mathrm{Line}(\varphi_i)$ 上从端点开始依次取两个点 $\mathrm{Point}_{j,n}$ 和 $\mathrm{Point}_{j,n+1}$，计算其中点

$$\mathrm{MP} = \left(\frac{x_{i,n} + x_{i,n+1}}{2}, \frac{y_{i,n} + y_{i,n+1}}{2}, \frac{z_{i,n} + z_{i,n+1}}{2} \right) \tag{4-6}$$

第二步：设向量夹角阈值 α，在 $\mathrm{Line}(\varphi_j)$ 上依次取点 $\mathrm{Point}_{j,k}$，$\mathrm{Point}_{j,k+1}$，计算其向量 $\overrightarrow{\mathrm{Point}_{j,k}\mathrm{Point}_{j,k+1}}$；在 $\mathrm{Line}(\varphi_i)$ 上依次取点 $\mathrm{Point}_{i,n}$ 和 $\mathrm{Point}_{i,n+1}$，计算其向量 $\overrightarrow{\mathrm{Point}_{i,n}\mathrm{Point}_{i,n+1}}$。计算两向量的夹角

$$\omega = \arccos\left(\frac{\overrightarrow{\mathrm{Point}_{j,k}\mathrm{Point}_{j,k+1}} \cdot \overrightarrow{\mathrm{Point}_{i,n}\mathrm{Point}_{i,n+1}}}{|\mathrm{Point}_{j,k}\mathrm{Point}_{j,k+1}||\mathrm{Point}_{i,n}\mathrm{Point}_{i,n+1}|} \right) \tag{4-7}$$

若 $\omega > \alpha$，则不考虑点 $\mathrm{Point}_{j,k}$ 为最佳匹配点；若 $\omega < \alpha$，则寻找与 MP 之间的欧式距离最小的点 $\mathrm{Point}_{j,m}$ 为最佳匹配点。

第三步：连接点 $\mathrm{Point}_{i,n}$、$\mathrm{Point}_{i,n+1}$ 和 $\mathrm{Point}_{j,m}$ 为一个三角形，记为 $\triangle_{n,n+1,m}$，放入三角形链表 List 中。

第四步：在三角形链表 List 中寻找与 $\triangle_{n,n+1,m}$ 相交的三角形，进行去交叉处理，去交叉的过程与 SNPM 算法中去交叉的过程相同。

第五步：在 $\mathrm{Line}(\varphi_j)$ 上，若点 $\mathrm{Point}_{j,m}$ 与之前构成的三角形的顶点 P_1 之间还有一些点没有加入三角形中，如图 4-15(a)中 P_2、P_3 所示，则从 P_1 开始到 $\mathrm{Point}_{j,m}$，按顺序从小到大分别取两个点与 $\mathrm{Point}_{i,n}$ 相连接，构成三角形如图 4-15(b)所示，并将生成的三角形加入三角形链表 List 中。

第六步：对已生成的三角网进行补洞处理。

若 Line(φ_i)上所有的点均加入三角形后,Line(φ_j)上仍有点没有加入三角形,即如图 4-15(b)所示,则从 Line(φ_j)上的最后一个三角形顶点开始依次取两点与 Line(φ_i)的最后一个个点相连生成三角形,并将构成的三角形加入三角形链表 List 中。

若 Line(φ_j)上最初还有点没有加入三角形,则在 Line(φ_j)上从端点开始依次取两点与 Line(φ_i)的第一个点相连构成三角形,将三角形加入 List 中。

第七步:继续按顺序选择顺时针方向的两条垂直剖面线 Line(φ_j)和 Line(φ_{j+1}),重复前面六步,直到所有的外垂直剖面线均构建完成。

第八步:取最后一条外垂直剖面线和第一条外垂直剖面线,重复前面的第一至六步,将盐穴进行封闭。

其建模结果如图 4-19 所示。从图 4-19 中可以看到,图 4-18 中存在问题的 A 处的三角形连接方式已经得到纠正,但是在用其他一些盐穴数据进行测试时,发现仍然有一些不是最佳的三角形连接方式出现,如图 4-20 所示。在图 4-20 中的 A 点所示的三角网处,根据其两侧的两条相邻外垂直剖面线的凹凸形态分析,发现其更恰当的连接方式应该是连接到左下方,即将一条外垂直剖面线的凸起部分与相邻的外垂直剖面线的凸起部分进行对应连接。由此进一步研究了优化的方法,提出了双边距离角度加权的构造(BWDA,Bilateral Weighted Distance Angle)方法。

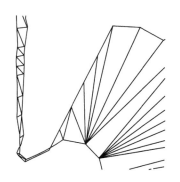
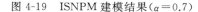

图 4-19　ISNPM 建模结果($\alpha=0.7$)

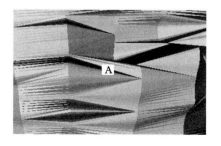

图 4-20　ISNPM 建模的非最佳连接

4.3.3　双边距离角度加权建模方法

根据前文的实验结果和盐穴的数据分析过程可以推断,若相邻的外垂直剖面线比较相像,则必定是形状上具有一定的相似性。在这种情况下,相邻的外垂直剖面线之间应该有较好的相似度。单纯的以距离为判断依据并不能完全表达出相似关系,从这个角度出发去寻找一个更合适的评价方法来判断哪些点才是最佳匹配点,而建模的速度又要求评价方法不能太过复杂,由此,本书提出了双边距离角度加权的面模型构造方法。

在对前文 SNPM 和 ISNPM 算法的分析中可以发现,单从一条外垂直剖面线向邻近的另外一条外垂直剖面线进行距离计算有时并不能很好地体现两侧最短距离的关系,而距离也是一个很重要的评价参数,所以提出双边搜索的方法,以提高算法的有效性。

根据实际情况,因为三角形彼此之间不能相交,所以,一个可以接受的、看起来良好的表面,其三角形的顶点通常不会距离太远,即三角形不太狭长,若顶点距离太远则需要对其他三角形进行重新计算,这样对其他三角形造成的影响较大,且会造成三角形畸变较大,由此可以设定一个搜索距离 β,β 表示在外垂直剖面线上向前后搜索的点数。若 β 设定超过外垂直剖面线上面的点数,则变为针对此两点寻找整条外垂直剖面线上的匹配点。

若两条剖面线比较相像,则从局部来说变形较小,此时可以用向量的夹角作为衡量的一个参数,如图 4-21 所示。在图 4-21 中,线段 P_1P_2 与线段 P_4P_3 比较相像,则向量 $\overrightarrow{P_2P_1}$ 和 $\overrightarrow{P_4P_3}$ 之间的夹角较小,由此可以选择这个夹角作为一种相似的指标。

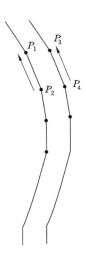

图 4-21　垂直剖面线上的向量夹角

定义

$$\omega(D,\theta) = D - \alpha D \cos\theta \tag{4-8}$$

为评价函数,函数值为评价值。式中,D 代表线段中点之间的距离;α 代表权重;θ 为向量之间的夹角。可知,若两个线段比较相像,则评价值较小。在算法中,我们认定在搜索距离 β 内,评价值较小的点为最佳匹配点。

算法分为两个阶段,第一阶段为近似均匀化插值,第二阶段为利用双边距离角度加权建模算法生成三角网。第一阶段与前文所述相同,不再赘述,第二阶段具体描述如下:

第一步:设定权重值 α,搜索距离 β,定义 P_{tcp} 为 $\mathrm{Line}(\varphi_j)$ 上的当前点,P_{scp} 为 $\mathrm{Line}(\varphi_i)$ 上的当前点,$P_{tcp} - \beta$ 为 P_{tcp} 之前的第 β 个数据点,$P_{tcp} + \beta$ 为 P_{tcp} 之后的第 β 个数据点。

第二步:在 $\mathrm{Line}(\varphi_i)$ 上,从 P_{scp} 开始依次取两个点 $\mathrm{Point}_{i,n}$ 和 $\mathrm{Point}_{i,n+1}$,用评价函数在 $\mathrm{Line}(\varphi_j)$ 上的 $P_{tcp} \pm \beta$ 的范围内寻找最佳匹配点 $\mathrm{Point}_{j,m}$,并记录下评价值 ω_{jm}。

第三步:从 $\mathrm{Line}(\varphi_j)$ 上 P_{tcp} 开始依次取两个点 $\mathrm{Point}_{j,k}$ 和 $\mathrm{Point}_{j,k+1}$,用评价函数在 $\mathrm{Line}(\varphi_i)$ 上的 $P_{scp} \pm \beta$ 的范围内寻找最佳匹配点 $\mathrm{Point}_{i,t}$,并记录下评价值 ω_{it}。

第四步:若 $\omega_{jm} \leqslant \omega_{it}$,说明最佳匹配点为 $\mathrm{Point}_{j,m}$,则依据最佳匹配点的位置不同进行去相交处理,去相交的过程与空间最近点法的去相交过程基本相同,去相交后将三角形 $\triangle_{P_{scp},P_{scp}+1,m}$ 加入三角形链表。

若 $\omega_{jm} > \omega_{it}$,说明最佳匹配点为 $\mathrm{Point}_{i,t}$,依据最佳匹配点的位置不同进行去相交处理,去相交的过程与空间最近点法的去相交过程基本相同,去相交后将三角形 $\triangle_{P_{tcp},P_{tcp}+1,t}$ 加入三角形链表。具体详见算法的伪代码描述第 13～62 行。

第五步:将 P_{tcp} 和 P_{scp} 根据匹配点的位置不同向前进行移动。若匹配点位于 $\mathrm{Line}(\varphi_j)$ 上,则 $P_{scp} = P_{scp} + 1$;若匹配点位于 $\mathrm{Line}(\varphi_i)$ 上,则 $P_{tcp} = P_{tcp} + 1$。继续重复前面第二至四步,直到 P_{tcp} 或 P_{scp} 到达垂直剖面线结束端点为止。

第六步:将没有构建完的部分进行补洞处理,其补洞的算法与前文所述的空间最近点法类似。但是需要注意的是,在双边距离角度加权算法中,需要对

$Line(\varphi_i)$ 和 $Line(\varphi_j)$ 分别进行补洞处理。具体详见伪代码的 63～73 行。

第七步：继续选择顺时针方向的两条外垂直剖面线 $Line(\varphi_j)$、$Line(\varphi_{j+1})$，重复前面六步，直到所有的外垂直剖面线均构建完成。

第八步：取最后一条外垂直剖面线和第一条外垂直剖面线，重复前面的第二至六步，将盐穴进行封闭，算法完成。

算法用伪代码描述如下：

输入：两条垂直剖面线 $Line(\varphi_i)$ 和 $Line(\varphi_j)$

输出：List 三角网

1 SourceLine＝$Line(\varphi_i)$

2 TargetLine＝$Line(\varphi_j)$

3 StoDVal＝浮点数最大值，表示从 SourceLine 到 TargetLine 上的点的评价值

4 DtoSVal＝浮点数最大值，表示从 TargetLine 到 SourceLine 上的点的评价值

5 n＝SourceCurrentPoint ＝ SourceLine.BeginPoint 表示 $Line(\varphi_i)$ 上的当前点

6 m＝TargetCurrentPoint＝TargetLine.BeginPoint 表示 $Line(\varphi_j)$ 上的当前点

7 List＝NULL

8 **do**

9   从 SourceLine 上从开始依次取连续的两个点 $Point_{i,n}$, $Point_{i,n+1}$

10   (StoDVal, $Point_{j,m}$)＝
     SearchMatchPoint($Point_{i,n}$, $Point_{i,n+1}$, TargetLine, TargetCurrentPoint, β)

11   从 TargetLine 上从开始依次取连续的两个点 $Point_{j,k}$, $Point_{j,k+1}$

12   (DtoSVal, $Point_{i,t}$)＝
     SearchMatchPoint($Point_{j,k}$, $Point_{j,k+1}$, TargetLine, TargetCurrentPoint, β)

13   **if** StoDVal≤DtoSVal **then**

14   **if** $Point_{j,m}$＝ TargetCurrentPoint **then**

15   List.add<SourceCurrentPoint, SourceCurrentPoint ＋1, TargetCurrentPoint>

16   SourceCurrentPoint ＝ SourceCurrentPoint ＋1

17   **else if** $Point_{j,m}$＞TargetCurrentPoint **then**

18   **for** k ＝ TargetCurrentPoint **to** $Point_{j,m}$ **do**

19   List.add<SourceCurrentPoint, k＋1, k>

20   **end for**

21   List.add<SourceCurrentPoint, SourceCurrentPoint ＋1, $Point_{j,m}$>

22	SourceCurrentPoint = SourceCurrentPoint + 1
23	TargetCurrentPoint = Point$_{j,m}$
24	**else if** Point$_{j,m}$ < TargetCurrentPoint **then**
25	**for** k = Point$_{j,m}$ **to** TargetCurrentPoint **do**
26	**for** $\triangle$ = 1 **to** List.Count **do**
27	**if** $\triangle$ 有两个顶点在 TargetLine 上 **then**
28	List.remove($\triangle$)
29	**else if** $\triangle$ 有两个顶点在 TargetLine 上 **then**
30	将 $\triangle$ 中含有的 Point$_{j,k+1}$ 替换为 Point$_{j,m}$
31	**end if**
32	**end for**
33	**end for**
34	SourceCurrentPoint = SourceCurrentPoint + 1
35	TargetCurrentPoint = Point$_{j,m}$
36	**end if**
37	**else**
38	**if** Point$_{i,t}$ = SourceCurrentPoint **then**
39	List.add< SourceCurrentPoint, TargetCurrentPoint + 1, TargetCurrentPoint >
40	TargetCurrentPoint = TargetCurrentPoint + 1
41	**else if** Point$_{i,t}$ > SourceCurrentPoint **then**
42	**for** k = SourceCurrentPoint **to** Point$_{i,t}$ **do**
43	List.add< k, $k+1$, TargetCurrentPoint >
44	**end for**
45	List.add< Point$_{i,n}$, Point$_{i,n+1}$, Point$_{j,m}$ >
46	SourceCurrentPoint = Point$_{i,t}$
47	TargetCurrentPoint = TargetCurrentPoint + 1
48	**else if** Point$_{i,t}$ < SourceCurrentPoint **then**
49	**for** k = Point$_{i,t}$ **to** SourceCurrentPoint **do**
50	**for** $\triangle$ = 1 **to** List.Count **do**
51	**if** $\triangle$ 有两个顶点在 SourceLine 上 **then**
52	List.remove($\triangle$)
53	**else if** $\triangle$ 有两个顶点在 SourceLine 上 **then**
54	将 $\triangle$ 中含有的 Point$_{i,k+1}$ 替换为 Point$_{i,t}$

```
55              end if
56          end for
57        end for
58      SourceCurrentPoint = Point_{i,t}
59      TargetCurrentPoint = TargetCurrentPoint+1
60    end if
61    end if
62 while SourceCurrentPoint<SourceLine.Count and TargetCurrentPoint<TargetLine.Count
63 if SourceCurrentPoint<SourceLine.EndPoint then
64    for k = TargetCurrentPoint to TargetLine.EndPoint do
65        List.Add<SourceCurrentPoint,k+1,k>
66    end for
67 end if
68 if TargetCurrentPoint<TargetLine.EndPoint then
69    for k = SourceCurrentPoint to SourceLine.EndPoint do
70        List.Add<k+1,k,TargetCurrentPoint>
71    end for
72 end if
73 end while
```

其中的搜寻最佳匹配点函数 SearchMatchPoint 用伪代码表示如下：

输入：$Point_1$，$Point_2$，SearchLine，CurrentPoint，β

$Point_1$，$Point_2$ 为源垂直剖面线上的相邻点，SearchLine 为寻找匹配点的剖面线，β 为搜索距离，CurrentPoint 为当前 SearchLine 上的点的位置

输出：MinValue，PointMatch

MinValue 是评价最佳点的结果，PointMatch 为最佳评价点

```
1    MinValue = 浮点数最大值
2    UpperBoundPoint = Min(CurrentPoint+β,SearchLine.EndPoint)-1
3    LowerBoundPoint = Max(CurrentPoint-β,SearchLine.BeginPoint)
4    for i = LowerBoundPoint to UpperBoundPoint do
5      Value = EvaluationFunction(Point_1,Point_2,Point_i,Point_{i+1})
6      if Value<MinValue then
7            MinValue = Value
8            PointMatch = Point_i
```

```
9        end if
10       end for
```

评价函数 Evaluation Function 用伪代码表示如下：

输入：$Point_1$，$Point_2$，$Point_3$，$Point_4$，α

　　　$Point_1$，$Point_2$ 为一条垂直剖面线上的相邻数据点，$Point_3$，$Point_4$ 为另一条剖面线上的相邻数据点，α 代表权重，设为 0.2

输出：Value 代表评价值，评价值越小越接近最佳点

```
1        V₁ = Point₂Point₁
2        V₂ = Point₄Point₃
```

$$1\quad V_1 = \overrightarrow{Point_2 Point_1}$$

$$2\quad V_2 = \overrightarrow{Point_4 Point_3}$$

$3\quad D = V_1$ 中点与 V_2 中点之间的欧氏距离

$$4\quad CosTheat = \frac{V_1 \cdot V_2}{|V_1||V_2|}$$

$$5\quad Value = S - \alpha \times D \times CosTheat$$

```
6        return Value
```

　　算法中对于交叉三角形的处理与前文所述的 SNPM 算法去交叉原理基本相同，在此不再赘述。

　　本书对 8 组实际盐穴数据采用双边距离角度加权算法进行了实际测试，选取部分典型的建模结果进行说明，如图 4-22 所示。图 4-22（a）为图 4-20 中盐穴的建模结果局部放大图，可以看到相比改进的空间最近点法在图 4-20 中的非最佳三角形连接部分 A 的连接方式已经有了很大的改进，基本可以接受；图 4-22（b）是此盐穴的建模效果完整图；图 4-22（c）、（d）、（e）、（f）为对一个形状复杂的盐穴建模的整体和局部放大结果，从图中可以看到，该盐穴表面有很多尖锐的突出形状，说明该盐穴建腔时岩盐的溶解极不均衡，造成其表面变化较为剧烈；从图 4-22（e）中可以看到，在表面剧烈凹陷和突然变化的边缘，建模结果也表现良好，没有形成错误连接；图 4-22（f）为 BWDA 算法生成的三角网局部放大图，从图中我们可以观察到，采用 BWDA 建模算法建立的三角网比较均匀，且对于表面变化比较剧烈的盐穴建模结果也是可以接受的。

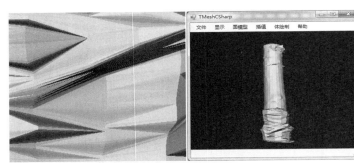

（a）局部放大结果　　　　　　　　（b）整体建模结果

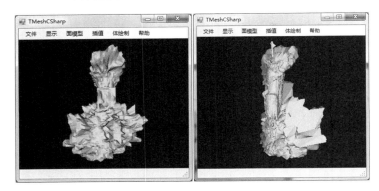

（c）正视效果　　　　　　　　　　（d）侧视效果

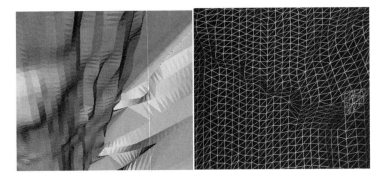

（e）局部表面放大　　　　　　　　（f）局部三角网放大

图 4-22　BWDA 算法建模结果（$\alpha=0.2,\beta=30$）

4.4　内垂直剖面线的分类算法

前文已经讨论了盐穴外垂直剖面线的建模方法,本节讨论盐穴内垂直剖面线的建模方法。在一个盐穴中可以存在很多的内垂直剖面线,分别表示从不同部分延伸进入盐穴内部的岩石体,所以,首先要对其进行分类,以区别出哪些内垂直剖面线描述的是同一个岩石体,然后才能对应进行正确的建模。

以一个实际的盐穴数据图 4-23 为例进行说明。从图中可以看到,内垂直剖面线从四个不同位置延伸进入盐穴内部的岩石体。由于岩石体为连续的且必定从盐穴腔壁的某个位置进入盐穴,不能凭空存在,所以,由前文论述的垂直剖面线的特点,可以推测出哪些内垂直剖面线是描述同一个岩石体以及岩石体延伸进入盐穴的位置。

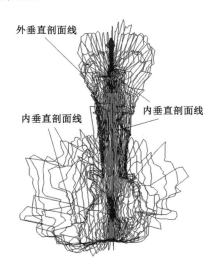

外垂直剖面线

内垂直剖面线　　　　内垂直剖面线

图 4-23　一个盐穴的内垂直剖面线

进行推测的目的有两个:

(1) 判定哪些内垂直剖面线是一个岩石体,应该连接到一起,即分类。

(2) 判定岩石体从哪个方向进入盐穴内部。

首先研究对内垂直剖面线的分类。由盐穴的测量数据格式可以知道,盐穴的垂直剖面线(包括内垂直剖面线)都是按一定的方向角来进行记录的,先将内垂直剖面线按方向角从小到大进行排序。

为简化起见,暂时只讨论相对简单的情况,对于极其复杂的情况,其分类问题需要人工辅助,但此种情况较少。

假定岩石体较大,且为刚性物体,形状为简单的类线段型,若一组内垂直剖面线属于一个岩石体,则其内垂直剖面线的方向角必然连续(此连续指在每个进行测量的方向角上都存在)且不可中断,即不能跳跃。依据前文分析可以知道,若根据内垂直剖面线来判断,内垂直剖面线所表示的岩石体只能从顺时针(逆时针)方向进入到盐穴中,若其在某个角度中断,则表示这个位置没有岩石存在,这是不合乎逻辑的。

如图 4-24 所示,图中半径方向的线段表示外垂直剖面线,B_1、B_2、A_1、A_2、A_3、A_4、C_1、C_2 分别代表对应的方向角。这时可以看到,若岩石体进入盐穴内部(图中灰色的部分),则必然连续对测量仪器的超声波进行阻挡,形成连续的内垂直剖面线。在图中可以看到,其连续形成了 B_1、A_1、A_2、A_3 四个角度的内垂直剖面线,几乎不可能存在不在 A_1 角度上形成内垂直剖面线而在 A_2、B_1 角度上形成内垂直剖面线的情况。同时也可以看到,其内垂直剖面线的轮廓从 A_3 至 B_1 逐渐远离圆心的方向,由此可以近似判断岩石体进入盐穴的位置。

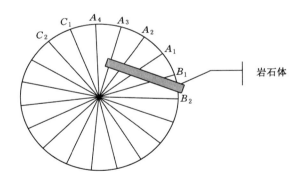

图 4-24 内垂直剖面线分类原理

由岩石体形状为简单的类线段型推断,其所形成的各个方向角的内垂直剖面线有交集的可能性很大,即其投影到相邻方向角的 z-ρ 平面上的时候,存在多边形相交的可能性较大,如图 4-25 所示。

综上所述,可以得出内垂直剖面线分类算法的原则为:

判定准则 1:内垂直剖面线的方向角不能跳跃,若跳跃则为不同的岩石体

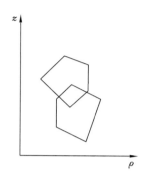

图 4-25   内垂直剖面线投影相交示例

的剖面线。

判定准则 2：方向角连续的内垂直剖面线，若其与相邻方向角的内垂直剖面线在其 z-ρ 平面上的投影相交，则视为其与相邻的内垂直剖面线代表同一岩石体，否则代表不同的岩石体。

据此，可以归纳出盐穴内垂直剖面线的分类算法，具体步骤如下：

（1）将内垂直剖面线按其方向角进行排序，将方向角连续的内垂直剖面线分成一组，并按照方向角从小到大（或从大到小）排序。

（2）将从（1）得到的每一组中相邻方向角的两条内垂直剖面线投影到 z-ρ 平面上，若两条剖面线相交则为一组，否则不为一组。

经测试，其分类效果如图 4-26 所示，从图中可以看到不同岩石体的 4 组内垂直剖面线已经被正确地分类。

从理论上分析，此种方法并不能完全把所有可能存在的内垂直剖面线全部正确分类，有可能存在漏判的情况，是一种近似估计的方法。对于比较复杂的情况还需要有人工辅助进行判断分析，但这种较为复杂的情形极少，由于没有此类盐穴数据，故未能做进一步测试。

本节对判断岩石体从盐穴腔壁进入内部的位置问题是依据前文的分析结合垂直剖面线的特点采用一种近似估计的方法。具体是通过计算比较一类内垂直剖面线两端的内垂直剖面线的形心半径，取半径较大的方向为岩石体进入盐穴的方向，若半径相差不大，则判断两端内垂直剖面线在相邻方向角的平面上的投影与此方向角的外垂直剖面线是否相交，若不相交，且在此外垂直剖面线与中轴所连成的多边形外部，或与外垂直剖面线有相交，则判断岩石体从此侧进入盐穴内部。

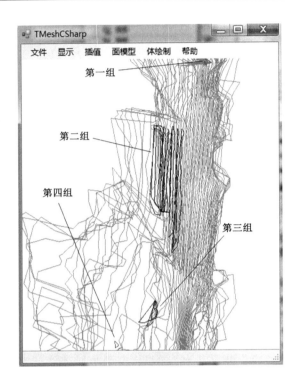

图 4-26　内垂直剖面线分类算法结果

4.5　内垂直剖面线建模方法

对内垂直剖面线的建模,分为两种情况:一种是此岩石体从盐穴中穿透,称为穿透型;另一种是在盐穴内部截止,没有穿透,称为截止型。对于截止型,需要建立岩石体的末端平面,对另外一端延展后建立末端平面;对于穿透型,需要两端都进行延展后建立末端平面。

若内垂直剖面线已经被正确地分类完毕,且为截止型,则意味着截止的那条内垂直剖面线围成的多边形为岩石体末端,需要对其进行封闭处理,而靠近岩石体与盐穴腔壁的接触位置一侧的内垂直剖面线则不能进行封闭处理,需要进行延展处理然后才能建立正确的模型。

如图 4-27 所示,内垂直剖面线 A 在盐穴的内部,且为岩石体的末端,内垂直剖面线 B 在接近盐穴外壁一侧,则应该将内垂直剖面线 A 封闭成为末端,而将内垂直剖面线 B 沿顺时针方向向外垂直剖面线 C 的一侧进行延展处理，如图中箭头方向所示。

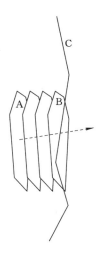

图 4-27　内垂直剖面线封闭与延展处理

对需要进行延展处理的内垂直剖面线 B 沿箭头方向进行延展处理，如图 4-28 所示，延展方法为将内垂直剖面线 B 按顺时针（或逆时针）方向旋转到下一个方向角上成为新的内垂直剖面线。图 4-28 中 B′为 B 所延展出来的内垂直剖面线，在本书中为简化处理，直接将其进行延展，没有进行形状变化。

对于末端的内垂直剖面线 A，需要对其建立三角网进行封闭，将其坐标转换到所在角度的 z-ρ 平面上，则其为一个平面的简单多边形，可以采用前文所述的限定 Delaunay 算法，此处采用程朋根等[138]所提出的基于最小角动态判定的简单多边形 Delaunay 三角剖分算法来对其进行三角剖分。

给定 $P_1, P_2, \cdots, P_n$ 为多边形的 n 个顶点，$P_1P_2, P_2P_3, \cdots, P_{n-1}P_n, P_nP_1$ 为给定的此多边形的 n 条边且互不相交，将给定的顶点 $P_i(i=1,2,\cdots,n)$ 以逆时针顺序进行排列，顶点 P_i 的右视（前视）方位角 R_i 定义为与 $P_i(i=1,2,\cdots,n)$ 相连接的有向边 P_iP_{i+1} 的方位角，顶点 P_i 的左视（后视）方位角 L_i 定义为与 $P_i(i=1,2,\cdots,n)$ 相连接的有向边 P_iP_{i-1} 的方位角，如图 4-29 所示。

顶点 $P_i(i=1,2,\cdots,n)$ 所连接的边 $P_{i-1}P_i$、P_iP_{i+1} 之间的夹角定义为按从 P_iP_{i+1} 旋转到 $P_{i-1}P_i$ 所在的位置所经过的逆时针方向的角度 $\beta_i(0° \leqslant \beta_i < 360°)$，称其为顶点 P_i 的内角。易知，内角的大小与顶点 P_i 的左方位角

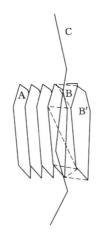

图 4-28　内垂直剖面线延展结果

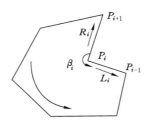

图 4-29　简单多边形及内角

L_i 和右方位角 R_i 的差相等,可以用公式表示为 $\beta_i = L_i - R_i \pm 360°$。顶点 P_i 的后视点定义为与顶点 P_i 相连的顶点 P_{i-1},顶点的前视点定义为连接 P_i 的顶点 P_{i+1}。多边形最小内角为顶点 $P_i (i = 1, 2, \cdots, n)$ 的内角之中最小的一个。

　　以图 4-30 所示简单多边形为例,采用最小内角动态判定的简单多边形 Delaunay 三角剖分算法的过程描述如下:

　　第一步:建立多边形顶点的链表,读入简单多边形的顶点,并按照逆时针方向排序。

　　第二步:对所有顶点前后边的方位角进行计算,由方位角求解与之相对应的内角,内角的大小可以根据方位角做差进行计算,将内角按照从小到大的顺序进行排列。

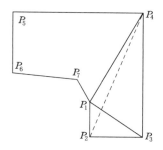

图 4-30　最小内角动态判定算法

第三步：建立顶点的方位角链表，链表中保存一个表示已经连接成为三角形的标志（称为三角标志）和顶点的有效标志，设定链表中三角标志为假，各顶点的有效标志设定为真（有效标志表示顶点及相连的两点能否连接成三角形）。

第四步：在所有三角标志为假且有效标志为真的顶点中，取出具有最小内角的顶点 P_2。当只有一个顶点时，则直接连接 P_1、P_3，与顶点 P_2 一起构成 $\triangle P_1 P_2 P_3$。如果存在多个顶点，且其中的两个顶点相邻，如顶点 P_2 和 P_3，此时，存在 $\triangle P_1 P_2 P_3$ 或 $\triangle P_2 P_3 P_4$ 两种三角形连接方法，需要对其连接的三角形进行进一步的处理，使三角形最优。通过将 P_1、P_2、P_3、P_4 四个顶点连接构成一个四边形，采用对角线判断法则，选取较短的对角线的顶点为连接采用的顶点，连接 P_1、P_3，组成 $\triangle P_1 P_2 P_3$。通过线段 $P_1 P_3$ 将 $\triangle P_1 P_2 P_3$ 顶点 P_2 的前视点 P_3 与后视点 P_1 连接，对该线段与多边形的边是否相交进行判断，如相交，跳转到第六步，否则执行第五步。

第五步：将组成该三角形的三个顶点的三角标志设定为真，在顶点链表中删除 P_2 并重新计算前视点、后视点、内角信息，最后转向第七步。

第六步：将顶点的有效标志更改为假，转向第七步。

第七步：重复进行第四步，直到标记有三角标记为假的顶点只剩三个时结束，将该三个顶点连接成为三角形，结束三角剖分。

需要说明的是，前文所述的空间最近点建模方法和改进的空间最近点建模方法以及双边距离角度加权建模方法均是按照剖面线具有明确的中轴线，且剖面线有明确的开始端点和结束端点条件进行设计的。而对于内垂直剖面线的四周表面建模方式，因为其与外垂直剖面线不同，其均为闭合的多边形，没有明确的开始端点和结束端点，且无明确的中轴线，不满足使用本书提出的双边距离角度加权建模算法的条件,不能采用前文提到的表面建模方法。对此本书采用的方法是首先对其进行近似均匀插值,然后用前文所提到的最短对角线法建模,将其与延展后的末端三角网及外垂直剖面线形成的三角网进行布尔运算,求得盐穴表面。图 4-31 为一个盐穴的内垂直剖面线建模处理效果图,在实验中发现图中框出的区域,盐穴模型异常复杂。这种内垂直剖面线建模方法有很大的局限,在岩石体存在分支、岩石体有过于复杂的弯曲等情况下会导致建模困难,为解决此类问题,本书进一步研究了先建立盐穴体数据模型,再通过等值面提取获得盐穴面模型的方法,在后文中会有详细阐述。

图 4-31　内垂直剖面线处理效果

4.6　小结

本章主要研究了盐穴剖面线的空间关系、外垂直剖面线的建模方法、内垂直剖面线的分类算法和内垂直剖面线建模方法。

研究了目前已有的基于剖面线的三维模型建模方法,结合盐穴测量方式的具体特点以及地质构造的推理知识对盐穴的水平剖面线和垂直剖面线进行了深入细致的分析,得到了盐穴的水平剖面线、垂直剖面线的特点;提出了空间最近点建模方法(SNPM),并针对其不完善的地方进行了改进,继而提出了改进的空间最近点建模方法(ISNPM),引入了评价函数,最终完善成为双边距离角度加权的剖面线建模算法(BWDA);采用 8 组真实的盐穴测量数据对所提出的算法进行了建模测试,对算法的建模效果进行了验证。

针对盐穴内垂直剖面线的分布特点,提出了内垂直剖面线的分类算法和建模方法,采用延展、限定 Delaunay 三角剖分和布尔运算的方式对内垂直剖面线进行建模。在对现有的盐穴测量数据的测试中,分类算法能够对内垂直剖面线进行正确的分类，由于此方面的盐穴测量数据比较稀少，所以实验测试并不完全，从原理上分析，其存在着误判的可能性。本章仅考虑了对类线段型岩石体的建模情况，在岩石体存在分支、岩石体有过于复杂的弯曲等情况下会导致建模困难，为此后文深入研究了基于体数据的建模方法。

第 5 章　盐穴体数据建模

本章研究如何通过体数据来建立盐穴模型(包括表面模型和体模型)。前文论述了通过垂直剖面线来建立盐穴表面模型的方法,本章采用两种方案来进行体数据生成:其一,根据前文所建立的表面模型来生成体数据;其二,采用水平剖面线直接生成体数据。在前文研究从垂直剖面线进行表面模型建模的过程可知,其在复杂的情况下对内垂直剖面线的处理并不完善,盐穴的水平剖面线非常复杂,存在多种可能的三角形连接方式。有文献针对此种对应、分支和拼接等问题采用构建中间层的方式来进行表面模型构建,但在盐穴建模中应用效果不太理想,为此,本章研究了采用先构造体数据模型再通过等值面提取的方式生成面模型的方法。

5.1　基于表面模型的体数据生成算法

在采用前文的方法将表面模型建立完成以后,可以通过表面模型体素化来得到相应的体数据模型。我们采用的是立方体规则体块划分方式,即 3D 体素模型,通过将一个测量单位(米或英尺)进行 N 等分的方法来建立体素模型,如图 5-1 所示。

由于盐穴形态比较复杂,为了适应复杂的情况,本书采用了类射线法来进行判断。射线法使用通过点的射线与构成盐穴模型的各个三角形面求交,计算交点的个数,如果交点个数为奇数则在盐穴体内,交点个数为偶数则在盐穴体外。本书在对盐穴进行实际分析时,根据盐穴的数据特点,进行了相应的算法改进,使算法实现较为简单,提高了效率。

根据盐穴数据的实际情况可知:

(1)盐穴的中轴线一定是在盐穴的内部,所以中轴线上所有的点(在盐穴测量深度的上限和下限之间的点)均是盐穴内部的点。

(2)从中轴线沿半径方向看,所有的三角形都在两个相邻方向角的垂直剖面线之间。

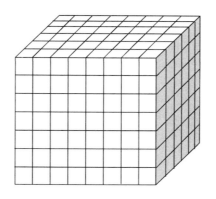

图 5-1　3D 体素模型

　　根据以上特点,本书的算法采用将 3D 体素模型的每个体元转换到对应的圆柱坐标系下,然后与同一测量深度平面与 z 轴的交点相连接成为一个线段,计算与此线段相交的三角形个数。由于线段 z 轴上的端点一定在盐穴体内,故判断准则变为:若为偶数个,则点在盐穴体内;若为奇数个,则点在盐穴体外。对高于测量深度起始点和低于测量深度最终深度的体元,由于线段的起始端点在盐穴体外,则判断准则相反,即交点若为偶数个则点在盐穴体外,若交点为奇数个则点在盐穴体内。

　　如图 5-2 所示,A 点在盐穴体外,与中轴线上的 M 点组成的线段和盐穴腔壁有一个交点,而 C 点与 O 点组成的线段虽然也与盐穴腔壁有一个交点,但由于 O 点在盐穴体外,所以 C 点在盐穴体内。将所有的待测点均在水平方向与中轴线上对应的点连接,用上述规则进行判断,可知图中 B、C 点在盐穴体内,A、D 点在盐穴体外。

　　在计算线段与三角形相交的时候,采用两种快速排除方法:

　　(1)首先判断三角形的三个顶点的 z 坐标,若都大于(或小于)被测点的 z 坐标,则此线段与三角形不相交。

　　(2)由前文可知,因为三角形是在两条相邻的垂直剖面线上构造的,故只需要检测此体元所在的相邻两个垂直剖面线之间的三角形即可。

　　通过以上两种方法可以快速排除大多数三角形,只需要对少数三角形进行判断,提高了运算速度。

　　在判断线段与三角形交点的过程中,可能出现几种特殊情况,下面分别进行讨论。

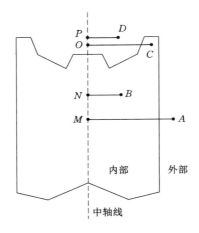

图 5-2　类射线法判断点与盐穴体位置关系

图 5-3 中 C 点的情况,有一个交点,则依据判断规则,C 点在盐穴体外。

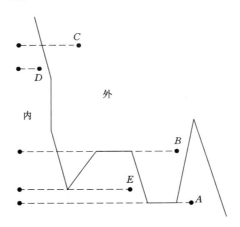

图 5-3　交点的几种特殊情形

图 5-3 中 D 点的情况,没有交点,则依据判断规则,D 点在盐穴体内。

图 5-3 中 E 点的这种情况出现时,交点处可能是三角形的边或者顶点,此种情况比较复杂,不能简单地进行交点计数,本书的处理方法为:在对三角形进行求交的过程中,若交点 P 位于边上内点(非顶点)的时候,则此边一定为三角形的共用边,找到这两个三角形;判断其不在共用边上的顶点位置是位

于水平线段的一侧还是另外一侧,在此可直接检测 z 坐标即可。若都在一侧,则交点 P 不进行计数,且标记这两个三角形为已测;若在水平线段的两侧,则交点 P 进行计数,标记这两个三角形为已测。若交点 P 在三角形的顶点上,而每个三角形的顶点必然在垂直剖面线上,由于采用的是圆柱坐标,则此时问题可以简化成为二维的方式进行判断,通过检测交点 P 所在的垂直剖面线上相邻点的位置来进行判断,若相邻点在线段所在水平面的两侧,则对交点计数;若其在水平面的一侧,则不对交点进行计数。同时,对交点 P 的坐标位置进行存储记录,设交点集合为 $V=(P_0,P_1,\cdots,P_n)$,在对交点计数之前首先检查 V 中是否存在 P,由于计算机的精度限制,判断时对其进行了一个微小的区间判断,即 $|P-P_i|<\delta$ 则视为同一个交点,不进行计数,由此可以看出 E 点的交点为体内点。

对于图 5-3 中 A、B 点的情况,判断方法是:若线段与三角形在同一个平面内相交,则不进行计数,由此可判断出 A 在体内,B 在体外。判断共面可以采用混合积的判断方法。

在对线段与三角形进行求交的时候,采用的方法是 Moller[139] 提出的快速求交点算法,具体如下:

线段 $R(t)$ 可以由中轴线的点 O 和被测点 A 来表示为

$$R(t)=O+tD \quad (0 \leqslant t \leqslant 1) \tag{5-1}$$

设三角形的三个顶点为 V_1、V_2、V_3,三角形面的参数化方程为

$$T(u,v)=(1-u-v)V_1+uV_2+vV_2 \tag{5-2}$$

且 $u \geqslant 0, v \geqslant 0, u+v \leqslant 1$,$(u,v)$ 是重心坐标系,则计算交点方程为

$$O+tD=(1-u-v)V_1+uV_2+vV_2 \tag{5-3}$$

整理得方程组

$$[-D,V_2-V_1,V_3-V_1]\begin{bmatrix}t\\u\\v\end{bmatrix}=O-V_1 \tag{5-4}$$

令 $E_1=V_2-V_1$,$E_2=V_3-V_1$,$T=O-V_1$,使用克莱姆法则得

$$\begin{bmatrix}t\\u\\v\end{bmatrix}=\frac{1}{|-D,E_1,E_2|}\begin{bmatrix}|T,E_1,E_2|\\|-D,T,E_2|\\|-D,E_1,T|\end{bmatrix} \tag{5-5}$$

根据混合积公式 $|A,B,C|=-(A\times C)\cdot B=-(C\times B)\cdot A$,上式可改写为

$$\begin{bmatrix} t \\ u \\ v \end{bmatrix} = \frac{1}{(D \times E_2) \cdot E_1} \begin{bmatrix} (T \times E_1) \cdot E_2 \\ (D \times E_2) \cdot T \\ (T \times E_1) \cdot D \end{bmatrix} = \frac{1}{P \times E_1} \begin{bmatrix} Q \times E_2 \\ P \times T \\ Q \times D \end{bmatrix} \quad (5\text{-}6)$$

求出 t 代回即可求出交点。

最后,将盐穴体内的点所对应的体元属性赋值为 1,将盐穴体外的点所对应的体元属性赋值为 0,即可建立相应的体数据模型,全体属性值为 1 的体元即代表了盐穴的内部空间,对其求和即可得到盐穴体积。

采用改进的射线法对上文提到的复杂盐穴进行体数据生成测试,如图 5-4 所示。图中显示的阴影区域即为盐穴的体数据。使用两种射线法对同一个盐穴在同一台计算机上进行计算速度测试,用未经改动的射线法计算一个体积约 $30 \times 10^5 \text{ m}^3$ 的盐穴体数据大约需耗时 70 h,而采用本书所述的两种快速排除方法,耗时减少至 2 h,表明快速排除方法可以有效地缩短计算时间。

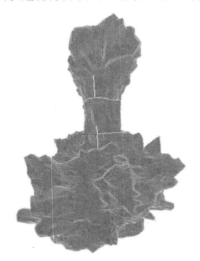

图 5-4 采用射线法建立的某盐穴体模型

5.2 基于水平剖面线的体数据生成算法

如前文所述,盐穴水平剖面线非常复杂,若用其直接构建面模型,必然面临复杂的分支、对应等问题,图 5-5 所示即为一个常见的分支、对应问题,目前解决这类问题主要有以下几种方法:

（1）在两个水平面的剖面线中间插入中间剖面线,用中间剖面线作为两层剖面线之间分支对应的过渡。

（2）将其投影到同一个平面上然后进行 Delaunay 三角剖分之后再投影回各自图层。

（3）人工添加辅助分支信息,如分支曲线、分支节点等来解决。

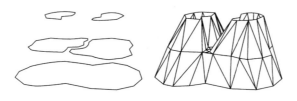

图 5-5　分支示例

这些方法都需要较多的人机交互,且操作起来较为困难。通过观察盐穴水平剖面线,如图 4-11、图 4-12 和图 4-13 所示,从图中可以看到其相邻测量深度的水平剖面线还是比较相像的,所以本节借鉴在三维变形模型中的轮廓变形思想来进行处理,设想其是从一个水平层面的剖面线平滑变形成为相邻水平层面的剖面线。

轮廓线变形主要有梯度矢量流、水平集等方法。梯度矢量流是用一对线性的偏微分方程来表示能量的泛函,通过对能量泛函的极小化过程得到目标对象的一个矢量场,通过梯度矢量场来进行迭代轮廓变形,但是梯度矢量场不能完全解决凹陷问题。在前文我们对水平集方法进行了讨论,可知水平集方法对拓扑结构的变化处理效果较好,但是其计算量较大。在水平集方法中力 F 的选取至关重要,否则不易获取光滑的中间变形曲线。为了生成较为光滑的变形曲线,本节借鉴水平集中符号距离函数的思想,采用通过隐函数插值构造属性场的方法来生成体数据。

设盐穴所在的地质体处具有一个属性场,此属性场是光滑变化的,且其在盐穴边界处的值为零,在盐穴内部其值大于零,在盐穴外部其值小于零,则其属性场在三维坐标系内用高度来表现时应该是一个光滑的、通过盐穴边界的曲面。

设平面有一个多边形 P,定义在多边形内部的数据点的值均大于零,在多边形边上的数据点的值等于零,多边形外部的数据点的值小于零,则可以根据数据点的值来区分其与多边形的位置关系。同理,若此多边形为盐穴的水平剖面,则可以判定每个数据点与盐穴体的空间关系。若每个数据点表示一个空间的体元,体元处属性场的值即具有上述性质,则容易判断体元与盐穴体的空间关系。在求出空间中每个体元的属性场的值之后,全部属性场中的值大于等于零的体元即代表了盐穴体。

可以用隐函数来定义平面多边形,设函数 $f(c_i)=h_i$,c_i 为多边形内部区域所有的点,$h_i>0$ 代表此内部区域点属性场的值,则多边形边界线可以表示为 $f(x)=0$,多边形内部区域可以表示为 $f(x)>0$,多边形外部区域可以表示为 $f(x)<0$。盐穴的水平剖面线围成的多边形表示的是盐穴的内部空间。同一层的水平剖面之间存在两种位置关系,如图 5-6 所示,图中的阴影部分为盐穴内部空间,图 5-6(a)所示为两个水平剖面"并"的关系,图 5-6(b)所示为两个水平剖面"差"的关系。设两个水平剖面建立的属性场分别为 $f_1(x)$ 和 $f_2(x)$,则根据属性场 $f(x)$ 的性质易知其拓扑操作为:

并集: $f(x)=\max[f_1(x),f_2(x)]$

差集: $f(x)=\min[f_1(x),f_2(x)]$

交集: $f(x)=\min[f_1(x),f_2(x)]$

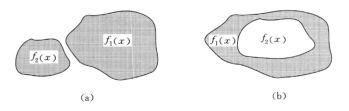

(a)   (b)

图 5-6   同层水平剖面线之间位置关系

本节同样采用的是 3D 体素模型,如图 5-7 所示,若假定第 i 层平面的多边形可以渐变为第 $i+n$ 层平面的多边形,则根据隐式曲面理论,其中间的光滑过渡是直接的,可以采用线性插值表示为

$$f_{i+k}(x)=\left(1-\frac{k}{n}\right)f_i(x)+\left(\frac{k}{n}\right)f_{i+n}(x)\quad(0\leqslant k\leqslant n)\quad(5\text{-}7)$$

根据此原理,可在有水平剖面的体素层面构造属性场,对于没有水平剖面的体素层面的属性场通过式(5-7)进行插值,最后即可求得体数据,体数据小于等于零的体元的体积之和即为盐穴体积,对体数据求零等值面即可求得盐穴的表面。

由式(5-7)可见,对中间层面进行属性场插值时必须要求两个平面的水平剖面在 xy 平面的投影有部分重叠,否则没有重叠的水平剖面会演变为零,

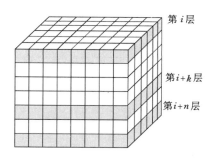

第 i 层

第 $i+k$ 层

第 $i+n$ 层

图 5-7　体数据层间插值

这表示其与盐穴不连通,而实际盐穴必是一个连通体,因为此种情况极少,所以在解决此类问题时,可插值生成体数据之后,采用简化处理的平移方法,即将没有重叠的剖面所形成的孤岛向中轴方向平移,直至与盐穴体相交的体积大于等于设定的最小体积阈值 K,将其与盐穴体连通,如图 5-8 所示。

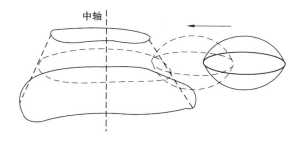

中轴

图 5-8　孤岛的处理方法

对于水平剖面所在的体素层面,因为水平测量的数据点并不密集,为了防止构造出来的盐穴内部属性场溢出盐穴,同时也为了使其表面更趋近光滑,先对其进行保形埃尔米特插值,得到盐穴的边界数据点,然后将其栅格化后映射到对应的体素层面,从而得到此体素层面的部分体元边界数据。

综上所述,具体流程如图 5-9 所示。首先对盐穴数据求空间最小包围盒,并在 $\pm x$、$\pm y$、$\pm z$ 方向上对其进行扩充,使其将盐穴包围并在四周留有一定的空间。其次,将水平剖面线进行保形埃尔米特插值,然后将插值后的水平剖面线栅格化并映射到 3D 体素模型中对应的层面上。再次,对水平剖面线所在的体素层构造属性场,处理孤岛。最后,对体素沿垂直方向插值,生成体数据,得到体数据后可以对其求零等值面,建立表面模型。

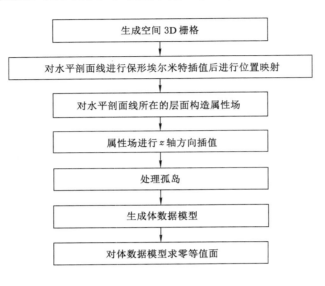

图 5-9 体数据生成流程

从图 5-9 中可以看出,生成体数据的关键是构造一种符合前文所要求的属性场。在盐穴测量中,其每一层水平测量数据都位于同一平面上,直接对每一层插值则会插值成为一个平面,所以本书借鉴 Turk 等[140]尝试使用变分隐式插值曲面的方法,为保证在盐穴体外部属性值小于零,同时也了为了防止插值成为一个平面,人为地对此水平剖面线数据点外侧的体元进行赋值。具体方法为:在其剖面线数据点对应的法线方向上的下一个体元数据赋值为一个微小的负值,本书中设置为 −0.1,这样,问题转化为给定空间 m 个数据点 $\{P_1, P_2, \cdots, P_m\}$ 和在其法线方向设置的对应的 m 个数据点 $\{Q_1, Q_2, \cdots, Q_m\}$,记其属性值为 h,求三维标量函数 $f(X)$ 满足要求

$$f(c_i) = h_i = \begin{cases} 0, & c_i = P_i \\ h, & c_i = Q_i \end{cases} \quad (i = 1, 2, 3, \cdots, m) \tag{5-8}$$

式中,c_i 为已知数据点。

这是一个多变量散乱数据插值问题,可以采用变分插值技术来求解 $f(X)$,因为希望最终得到的属性场为一个光滑的曲面,所以本书采用能量函数来衡量曲面 $f(X)$ 的质量,采用常用的曲面能量函数定义能量函数 E 为

$$E = \int_{\Omega} f_{xx}^2(X) + 2F_{xy}^2(X) + f_{yy}^2(X) \tag{5-9}$$

式中，f_{xx}、f_{xy}、f_{xy} 代表函数 f 的二阶偏导数；Ω 为插值点的区域。

该能量函数代表了曲面上的曲率能量，在曲面上褶皱较大的地方，E 值会有较大的变化，在曲面上光滑的部分会有较低的 E 值。要求的光滑曲面就是求满足式(5-8)且使式(5-9)最小的解，需要使用变分方法求解。

Duchon[141]详细研究了各种变分插值问题，其中就包括上式。函数 $f(X)$ 的解由径向基函数的线性组合及一个线性项组成，其一般的表达式为

$$f(X) = \sum_{j=1}^{m} d_j \phi(X - c_j) + Q(X) \tag{5-10}$$

式中，c_j 为数据点的坐标；d_j 为权重，即基函数的权；$Q(X)$ 为一个一次多项式，构成函数的常量和线性部分。

常用的二维和三维情况下的基函数分别为 $\phi(r) = |r|^2 \log(|r|)$ 和 $\phi(r) = |r|^3$。式(5-10)是一个线性方程组，因为薄板样条基函数自然满足式(5-9)，所以可以通过求解系数和函数 Q 的系数就可以构造出既精确的插值约束点又最小化能量函数的函数。

求解满足 h_i 条件的点的集合，式(5-10)可以转化为

$$h_i = \sum_{j=1}^{m} d_i \phi(c_i - c_j) + Q(c_i) \quad (i = 1, 2, \cdots, m) \tag{5-11}$$

在三维的情况下，若记已知数据点坐标 c_i 为(c_i^x, c_i^y, c_i^z)，并记 $\phi_{ij} = \phi(c_i - c_j)$，则式(5-11)可以写成矩阵形式，其中 q_i 为 Q 的系数。

$$
\begin{bmatrix}
\phi_{11} & \phi_{12} & \cdots & \phi_{1k} & 1 & c_1^x & c_1^y & c_1^z \\
\phi_{21} & \phi_{22} & \cdots & \phi_{2k} & 1 & c_2^x & c_2^y & c_2^z \\
\vdots & \vdots & \ddots & \vdots & \vdots & \vdots & \vdots & \vdots \\
\phi_{k1} & \phi_{k2} & \cdots & \phi_{kk} & 1 & c_k^x & c_k^y & c_k^z \\
1 & 1 & \cdots & 1 & 0 & 0 & 0 & 0 \\
c_1^x & c_2^x & \cdots & c_k^x & 0 & 0 & 0 & 0 \\
c_1^y & c_2^y & \cdots & c_k^y & 0 & 0 & 0 & 0 \\
c_1^z & c_2^z & \cdots & c_k^z & 0 & 0 & 0 & 0
\end{bmatrix}
\begin{bmatrix}
d_1 \\ d_2 \\ \vdots \\ d_k \\ q_0 \\ q_1 \\ q_2 \\ q_3
\end{bmatrix}
=
\begin{bmatrix}
h_1 \\ h_2 \\ \vdots \\ h_k \\ 0 \\ 0 \\ 0 \\ 0
\end{bmatrix}
\tag{5-12}
$$

式(5-12)是对称半正定的，因而有唯一解，可以直接通过数值求得。将所有数据点集合代入式(5-12)中，可以求出相应的 $f(X)$，$f(X)$ 就代表了所求的隐式曲面，也是所求的此平面的属性场，满足在盐穴内部其值大于零、在盐穴外部其值小于零。

图 5-10 所示为某盐穴其中一个水平剖面的属性场高度图。

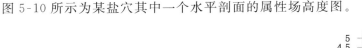

图 5-10　一个水平剖面线形成的属性场

求得水平剖面线所在平面的属性场后,将相邻水平剖面线所夹的中间层体元用式(5-7)进行求解,得到每个体元的属性值。体元在盐穴内部为正、在盐穴外部为负,则体数据值为零的等值面即为盐穴边界面,可以采用求取等值面的技术对其进行显示。

图 5-11 所示为一个实际盐穴中两个相邻深度的水平剖面线及对其通过构造属性场插值出体数据后抽取的零等值面结果。图 5-11(a)和图 5-11(b)分别为两个深度的水平剖面线,图 5-11(c)为通过构造属性场插值出体数据后抽取的零等值面,可以看到两条剖面线间建立了正确的对应关系,且图 5-11(b)中延伸出去的部分被逐渐合并到盐穴体中。

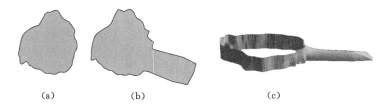

　　(a)　　　　　　(b)　　　　　　　　(c)

图 5-11　两个相邻的水平剖面线及其生成的零等值面

图 5-12 所示为此盐穴中两个相邻深度的带有内部岩石体的水平剖面线以及对其通过构造属性场插值出体数据后抽取的零等值面结果,此处为了演示结果,没有进行去除孤岛处理。图 5-12(a)和图 5-12(b)分别为两个相邻深度的水平剖面线,图 5-12(c)为零等值面,可以看到两条剖面线间建立了正确的对应关系,且其中的岩石体也正确地建立了对应关系。

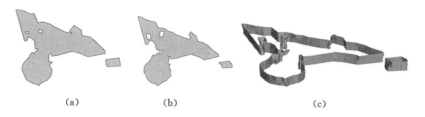

(a)　　　　　　　　　(b)　　　　　　　　　　(c)

图 5-12　两个相邻的带内部岩石体的水平剖面线及其生成的零等值面

图 5-13 所示为对此盐穴进行构造属性场和对属性场求零等值面后的结果。图 5-13(a)是通过构造属性场方式生成的体数据的切片图，图 5-13(b)是通过求零等值面生成的面模型，可以看到属性场的体数据值变化是相对光滑的，且正确地生成了中间的孔洞（穿过盐穴的岩石体）。

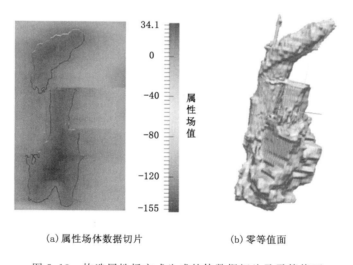

(a) 属性场体数据切片　　　　　　(b) 零等值面

图 5-13　构造属性场方式生成的体数据切片及零等值面

5.3　体数据的等值面绘制技术

在生成盐穴体数据模型之后，需要通过体数据等值面绘制技术来求取面模型，许多学者对等值面绘制技术进行了研究，提出了多种等值面绘制技术，目前主要有移动立方体算法(MC)、移动四面体算法(MT)、Cuberille 方法、分解立方体算法以及八叉树算法等,本书主要讨论立方体(MC)算法。

Marching Cubes 方法简称为 MC 方法,是 Lorenson 等[142]在 1987 年提出的一种三维表面重建的方法,它是一种经典的等值面显示算法。这种算法是以数字医疗图像的三维分析为背景提出来的,相对于其他算法而言,MC 算法原理简单、易于设计实现,得到了广泛的应用,因此也可以借鉴到盐穴的面模型生成方法中。

MC 算法是经典的三维标量场等值面绘制算法,该类算法处理的数据对象是离散的三维空间规则标量数据场,其可以表示为

$$F_{m,n,k} = F(x_m, y_n, z_k) \quad (m = 1, \cdots, N_x; n = 1, \cdots, N_y; k = 1, \cdots, N_k)$$

$$(5\text{-}13)$$

式中,N_x、N_y、N_z 分别为 x、y、z 方向的离散空间规则标量数据场的坐标范围。

定义 1:将空间中的体数据用数字矩阵的形式进行表示,用步长 Δx、Δy 和 Δz 分别对特定的三维空间沿 x、y、z 三个坐标轴方向对待建模的区域进行均匀采样,每个体元(体素)代表了该空间中的一个立方体区域,立方体的 8 个顶点为 8 个采样点,将其称为体元的角点,8 个角点的三维坐标可以表示为 (m,n,k)、$(m+1,n,k)$、$(m,n+1,k)$、$(m+1,n+1,k)$、$(m,n,k+1)$、$(m+1,n,k+1)$、$(m,n+1,k+1)$ 及 $(m+1,n+1,k+1)$[143-147],如图 5-14 所示。

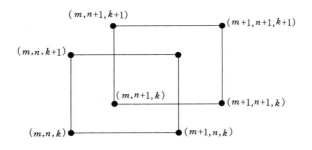

图 5-14　移动立方体的体素

定义 2:$f_s(x,y,z)$ 表示三维规则标量场数据。

定义 3:$\overline{p} \mid f(\overline{p}) = c$ 表示等值点,$\overline{p} \mid f(\overline{p}) \geqslant c$ 表示正点,$\overline{p} \mid f(\overline{p}) < c$ 表示负点。

定义 4:等值面表示在三维空间标量场中所有具有相同标量值的点的集合。等值面可用集合形式表示为 $F(f) = \{(x,y,z) \mid f(x,y,z) = c\}$,其中 c

表示常数，$F(f)$ 称为标量场数据 f_s 中的等值面。

5.3.1　MC 算法的基本原理及实现

可以将原始的三维标量数据场看作离散三维空间规则数据场，例如使用扫描仪或者核磁共振等技术产生的医学图像都可以看作是离散的三维空间规则数据场，本节中采用的是前文所述的构造属性场方式或改进的射线法生成的盐穴体数据。用户需要首先给出所求等值面的具体数值 c_0 来构造该数值下的等值面，在本书中取 c_0 来构造盐穴面模型。首先对空间中的体元进行扫描遍历，判断是否有等值面经过该体元，若有等值面经过该体元，则计算出体元与等值面之间的交点，将该交点和体元的顶点按照规定的方式连接成为由一个或多个三角面构成的局部等值面，其连接的依据是体元的顶点与等值面之间的相对距离。对每个体元都按此方式处理，最终连接成为一个等值面，这种等值面计算方法是一种近似表示，其实现的主要步骤如下。

第一步：确定等值面的剖分方式。

首先，对体元的 8 个角点进行分类，判定该角点与等值面的相对位置关系，即通过角点的数据场值判断该角点在等值面之外或是在等值面之内，并记录其状态，再根据每个体元角点的状态记录，确定对其进行等值面剖分的方式[143-144]。

若已知所求的等值面具体数值为 c_0，则下面的角点分类规则为：

（1）角点的数据场值大于或等于 c_0，则将其状态标记为"1"，说明该角点位于等值面之外。

（2）角点的数据场值小于 c_0，则将其状态标记为"0"，说明该角点位于等值面之内。

在对体元每个角点的状态判断之后，根据角点状态的列表组合可知：每个体元有 8 个角点，每个角点又具有两种状态，或为"1"，或为"0"，因此每个体元与等值面的关系有 256 种组合状态，称为 256 种构型，如果将等值面的值和顶点的函数值大小关系取反，那么等值面与 8 个角点之间的拓扑结构不会变化，因此可以将构型减少一半。再利用角点的旋转对称性和镜面对称性，可以将其最终化简成为 14 种构型，将这些基本构型进行等值面剖分，如图 5-15 所示[143-144]。

图 5-15 中黑色的角点表示状态标记为"1"的角点，8 个角点状态标记均为"1"或者全部为"0"都表示 case 0，称为"0"型结构，表示没有等值面穿过该体元。图中体元的角点中有几个为黑色就表示有几个角点状态标记为"1"。

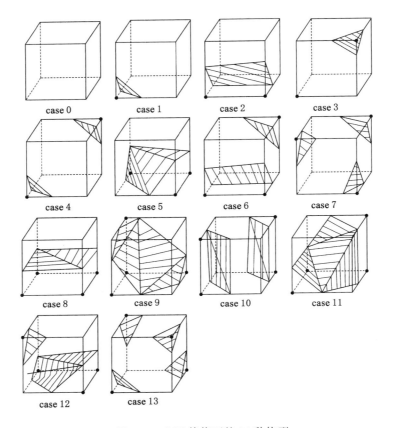

图 5-15　MC 等值面的 14 种构型

　　MC 算法需要构造一个体元状态表,如图 5-16 所示,该状态表的每一位表示该体元中一个角点的状态,"1"或是"0",根据状态表可以判断该体元属于上述 14 种构型中的哪一种情形,以及等值面与体元的边的相交关系。

　　第二步:求等值面与体元边界交点。

　　确定体元属于哪种构型后即可确定体元内等值面的剖分方式,这时需要求解等值面与体元边的交点并确定组成三角形的顶点。MC 算法有一个基本假设,就是当三维离散标量数据场的密度非常高、体元比较小时,就假定函数值严格随体元边界线性变化。基于这个假设,等值面与体元的交点就可以应用线性插值算法求得,连接交点形成的三角形面片即为所求等值面的一部分[143-144]。

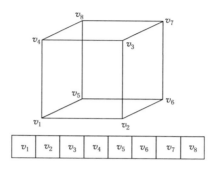

图 5-16　体元角点函数值分布状态

当体元的两个相邻角点的状态标记值相反时,表示连接此两角点的体元边的两端点分别在等值面两侧,因为体元代表的标量数据场函数值为线性,则由直线与平面的关系定理可知,此连接两角点的边与等值面有且仅有一个交点。体元的边根据方向分为三类:

(1) 体元边与 x 轴平行时,如果边的两个顶点表示为 $v_1(m,n,k)$,$v_2(m+1,n,k)$,则所求交点 $v(x,n,k)$ 的 x 坐标表示为

$$x = m + \frac{c - f(v_1)}{f(v_2) - f(v_1)} \tag{5-14}$$

(2) 体元边与 y 轴平行时,该边的两个顶点坐标为 $v_1(m,n,k)$,$v_2(m,n+1,k)$,则所求交点 $v(m,y,k)$ 的 y 坐标表示为

$$y = n + \frac{c - f(v_1)}{f(v_2) - f(v_1)} \tag{5-15}$$

(3) 体元边与 z 轴平行时,该边的两个顶点分别为 $v_1(m,n,k)$,$v_2(m,n,k+1)$,则所求交点 $v(m,n,z)$ 的 z 坐标表示为

$$z = k + \frac{c - f(v_1)}{f(v_2) - f(v_1)} \tag{5-16}$$

第三步:计算法向量。

因为需要在图形硬件上显示等值面图像,此过程中很多地方要用到所显示图像的法向量,如要绘制真实感图形,则需要选择光照模型进行光照计算,因此生成等值面的时候要计算等值面的法向量。

根据等值面的定义可知,其上的点沿面切线方向的函数值均相等,则该点的法向量沿此切线方向的梯度分量为零,故其梯度矢量即可以代表法向量,

MC 算法根据这一原理对等值面的法向量进行求解。等值面通常代表着两种物质或者两种标量属性的分界面,所以其上的每一个点的梯度矢量通常不为零,即

$$g(x,y,z) = \nabla f(x,y,z) \tag{5-17}$$

在计算机上对三角形面片进行计算法向量涉及多次乘法运算,乘法运算耗费 CPU 计算时间,而且由于两个三角形之间的法向量不连续,存在突变,容易造成显示的明暗程度不均匀变化,故 MC 算法采用三角形的三个顶点的法向量来代替计算三角面片的法向量,并且辅以合适的光照模型来进行绘制,可以有效地提高绘制的质量。

通常,对于标量数据场中每个角点的法向量可以采用前向差分、后向差分、中心差分等方式来进行计算。在 MC 算法中采用的是中心差分方式,对于等值面与边的交点的法向量可以通过对相邻角点的法向量线性插值的方式来进行计算,中心差分求取体元角点法向的公式为

$$\begin{cases} g_x(x,y,z) = \dfrac{f(x_{m+1},y_n,z_k) - f(x_{m-1},y_n,z_k)}{2\Delta x} \\[2mm] g_y(x,y,z) = \dfrac{f(x_m,y_{n+1},z_k) - f(x_m,y_{n-1},z_k)}{2\Delta y} \\[2mm] g_z(x,y,z) = \dfrac{f(x_m,y_n,z_{k+1}) - f(x_m,y_n,z_{k-1})}{2\Delta z} \end{cases} \tag{5-18}$$

式中,Δx、Δy、Δz 分别表示体元的边长。

5.3.2 应用 MC 算法求取盐穴体数据等值面的算法流程

基于以上几点的分析,应用 MC 算法对盐穴体数据进行零等值面提取构造表面模型的步骤总结如下:

(1)读入盐穴体数据,在前文中已经按 3D 体素模型将盐穴体数据生成。

(2)构造体元,对两层盐穴体数据进行扫描,将相邻两层的 8 个盐穴体数据的体素构造成为一个体元。

(3)对每个体元所连接的 8 个盐穴体数据与零等值面的值进行比较,将结果记录到盐穴体数据状态表中。

(4)根据盐穴体数据状态表确定与零等值面相交的体元及体元的边界。

(5)采用线性插值算法,通过式(5-14)、式(5-15)、式(5-16)计算交点,求得体元边界与零等值面的交点,并建立三角形面片。

(6)通过式(5-18)求盐穴体数据的法向量,再使用线性插值方法计算三

角形各个顶点处的法向量。

(7) 绘制该零等值面图像,此零等值面即可以作为盐穴的表面模型。

5.3.3　MC 算法的二义性问题及解决方案

1988 年,Durst[145] 提出了 MC 算法中存在连接方式上的二义性问题(也称为模糊表面问题),如果在体元的某个面上状态标记相反的两个角点分别位于该面对角线的两端,在该面的边上就会出现 4 个等值面与边界的交点,而连接等值线的方式也会出现两种,也就出现了连接的不确定性,造成了连接的二义性问题,如图 5-17 所示,称这样的面为二义性面,含有二义性面的体元为二义性体元[143-144]。

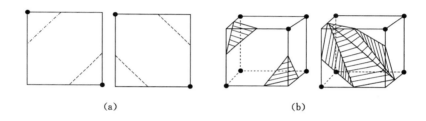

(a)　　　　　　　　　　　　　　(b)

图 5-17　MC 方法存在的连接二义性

二义性问题的出现会造成在两个相邻体元公共面上的连接方式不同,造成连接问题,容易出现空洞,这显然是算法不允许存在的,如图 5-18 所示。

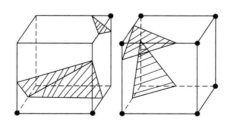

图 5-18　相邻立方体边界面上连接方式不一致产生空洞

要消除 MC 算法的二义性问题,首先要解决二义性面存在的不确定性。目前比较常用的消除等值面构造中二义性的方法为渐近线判别法。渐近线判别法是 Nielson(尼尔森)等提出的,其基本思想是:当存在面二义性问题时,等值面与二义面的交线是双曲线,双曲线的两支同时与某边界面相交,边界面被双曲线划分为三个区域,双曲线两条渐近线的交点一定会与边界面中位于同一条对角线的一对交点落在同一个区域内,此时,要根据给定的等值面阈值 c_0 与双曲线渐近线交点处线性插值结果的大小来判定该体素的边界面如何连接[144,146]。

根据渐近线算法,体素某一个边界面的等值线是一对双曲线,该双曲线的渐近线分别与体素边平行,双曲线与体素边的相互位置关系如图 5-19 所示。为了简单处理,图 5-19(b)所示情况归为图 5-19(a)、(c)、(e)所示情况归为图 5-19(f),因此,只考虑双曲线与体素边界面存在 0、2、4 个交点的情况,也就是图 5-19(a)、(d)、(f)所示的情况。

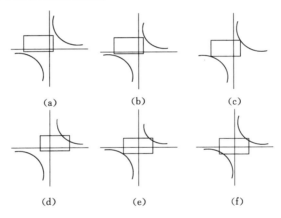

图 5-19　等值面与体素某一边界面的相交情况

在前文图 5-15 提到的 14 种构型中,case 0、case 1、case 2、case 4、case 5、case 8、case 9、case 11 是不存在二义性问题的面,因此,以上情况所对应的等值面是确定的;而构型 case 3、case 6 中均存在一个二义性面,也就是有两种连接方式;构型 case 10、case 12 中各有两个二义性面,存在 4 种连接方式;构型 case 7 中有 3 个二义性面,有 8 种连接方式;构型 case 13 中有 6 个二义性面,存在 64 种连接方式。根据渐近线算法,分别给出构型 case 3、case 6、case 7、case 12、case 13 的体素内部等值面连接方式,如图 5-20 所示。构型 case 10 的连接方式与图 5-15 中给出的是对称的,此处不再给出。

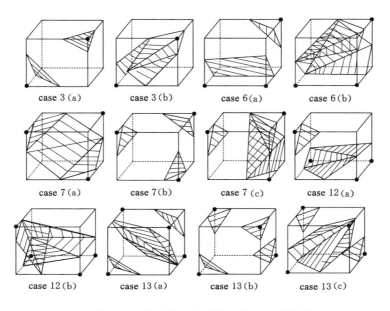

case 3 (a)　　case 3 (b)　　case 6 (a)　　case 6 (b)

case 7 (a)　　case 7 (b)　　case 7 (c)　　case 12 (a)

case 12 (b)　　case 13 (a)　　case 13 (b)　　case 13 (c)

图 5-20　渐近线方法判定面的二义性结果

5.4　小结

本章研究了采用体数据方式对盐穴测量数据进行三维建模的方法。首先研究了通过表面模型生成体数据的体素化方法,针对传统的射线法判断点在多面体内效率较低的问题,结合盐穴测量的特点,采用了两种快速排除方法对传统的射线法进行了改进,提高了计算效率。在利用垂直剖面线对复杂盐穴进行建模时,对内垂直剖面线的建模较为困难,难以得到精确的面模型,因此本章研究了先生成体数据模型再建立表面模型的方法。由于在利用水平剖面线进行建模时会面临复杂的分支、对应等问题,所以本章借鉴了轮廓变形模型的思想,提出通过构造属性场的方法来对水平剖面线所在层面的体元属性进行赋值,对中间层面的体元属性进行线性插值来生成体数据的思路,通过直接计算得到盐穴的体数据模型。最后通过求取零等值面的方式来生成盐穴的表面模型。

针对体数据的等值面绘制技术,研究了 MC 算法构造等值面的方法,并应用 MC 算法进行了等值面抽取测试。

第6章 实验系统设计与测试

为了对本书提出算法的可行性和有效性进行验证,笔者根据前文所提出的方法开发了相应的盐穴三维建模原型软件 Tmesh,建立了盐穴的点模型、剖面线模型、表面模型、体数据模型,并进行了面积、体积、剖面的计算。本章主要对实验系统的开发环境、功能和测试结果进行介绍。

6.1 实验系统开发环境

6.1.1 硬件环境

服务器:戴尔 T7810 图形工作站(英特 E5-2630V3,内存 16 GB,显卡 Nvida,硬盘 1 TB SATA 3)。

客户端:台式计算机 5 台,笔记本电脑 5 台。

内部局域网:通过 D-LINK100 M/1 000 M 交换机互连。

6.1.2 软件环境

操作系统:Windows XP SP3 或 Windows 7。

开发环境:Microsoft Visual Studio 2010 和 VTK 软件包为开发平台,采用 C♯ 语言开发。

集成开发环境 Visual Studio 2010 是由微软公司推出的软件套装,是一种流行的应用程序开发环境,支持开发 64 位应用程序。

C♯ 语言是一种类型安全的面向对象语言,支持分布式环境,其程序代码是受控代码,采用了自动内存管理机制,是一种特殊的解释性语言,可以用作组件开发等应用。

视觉化工具函式库(VTK, Visualization ToolKit)是一个开放源码、跨平台、支持并行处理(VTK 曾用于处理大小近乎 1 PB 的资料,其平台为美国 Los Alamos 国家实验室所具有的 1 024 个处理器的大型系统)的免费图形应用函式库,主要用于计算机图形学三维建模、图形图像处理及可视化,是基于面向对象原理以 C++ 为内核构建的,其中已包含 25 万行以上的代码、数千个类及相关转换界面,因此具有良好的可移植性和系统兼容性,可方便地在 Python、Tcl/Tk 和 Java 等语言中使用。

6.2　实验系统功能

　　Tmesh 系统主要实现了盐穴数据的文件管理、预处理及插值、点模型、线模型、表面模型、体数据模型的生成、显示和面积、体积计算功能。

　　文件管理模块可以实现盐穴数据文件的读取,点、线、面、体数据的导入、导出,支持导出为 DXF、VTS、PT 格式的文件。

　　预处理模块实现了盐穴数据的去除重复点、去除尖角、拓扑检查以及插值计算,其中的插值处理采用了保形埃尔米特插值方法。

　　表面模型和体数据模型模块实现了文中提到的 SNPM、ISNPM、BWDA 表面模型生成算法和体数据模型生成算法。系统可以支持以点、线、面、体的方式进行三维浏览,可以根据建模结果进行盐穴的表面积、体积计算。系统主要用到的数据类如图 6-1 所示。

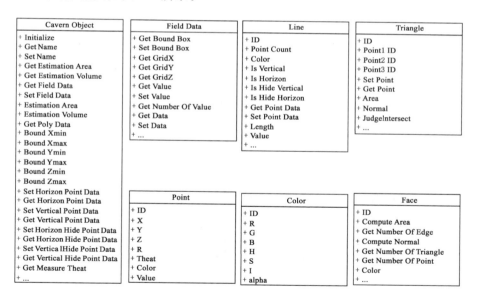

图 6-1　主要数据类图

6.3 系统三维建模测试

根据 8 组实际的盐穴测量数据(分别标记为 $1^\#,2^\#,\cdots,8^\#$),分别对其进行了点模型、线模型、表面模型和体数据模型的实验建模,以其中的 $3^\#$、$6^\#$ 盐穴为例,其建模结果如图 6-2、图 6-3、图 6-4、图 6-5 和图 6-6 所示。

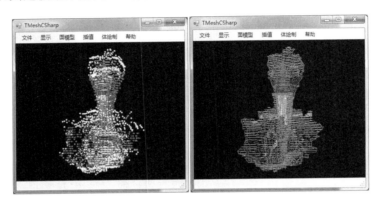

(a)点模型　　　　　　　　　　　　(b)线模型

图 6-2　$3^\#$ 盐穴的点模型和线模型

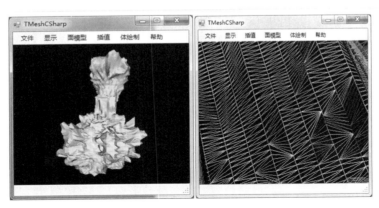

(a)表面模型　　　　　　　　　　　(b)局部三角网

图 6-3　$3^\#$ 盐穴的表面模型和三角网

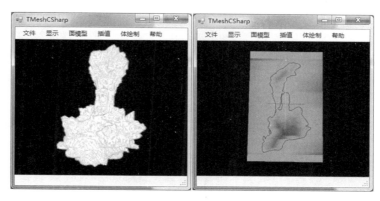

(a) 体数据模型　　　　　　　　(b) 体数据切片图

图 6-4　3#盐穴的体模型及切片图

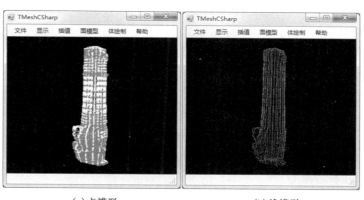

(a) 点模型　　　　　　　　　　(b) 线模型

图 6-5　6#盐穴的点模型和线模型

　　图 6-2(a) 所示为 3#盐穴的点模型，图 6-2(b) 所示为 3#盐穴的线模型；图 6-3(a) 所示为 3#盐穴的表面模型，图 6-3(b) 所示为表面模型的三角网局部细节放大；图 6-4(a) 所示为 3#盐穴的体数据模型，图 6-4(b) 所示为 3#盐穴的体数据沿垂直方向的切片图；图 6-5(a) 所示为 6#盐穴的点模型，图 6-5(b) 所示为 6#盐穴的线模型；图 6-6(a) 所示为 6#盐穴的表面模型，图 6-6(b) 所示为 6#盐穴的体数据模型。系统对 1#、2#、4#、5#、7#、8# 几个盐穴的测量数据建模结果也较好，此处不再赘述。

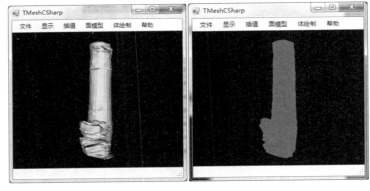

(a) 表面模型　　　　　　　　　(b) 体数据模型

图 6-6　6# 盐穴的表面模型和体数据模型

6.4　表面积、体积计算测试

　　建立盐穴三维模型的重要目的之一是对其进行表面积和体积计算,为盐穴的稳定性分析和综合利用提供依据。由于盐穴的真实体积、表面积是不可获得的,所以为了验证本书算法计算结果的准确性,首先采用三个规则的、可计算的几何体来进行准确性测试,之后用实际的盐穴测量数据进行测试,最后将结果与第三方计算的结果进行对比,具体测试情况如下。

6.4.1　体积计算测试

　　盐穴的体积计算是以盐穴的三维体数据模型为基础,通过对体数据模型的体元进行统计得出其体积。体数据模型可以采用两种途径来获得:第一种途径是采用双边距离角度加权(BWDA)算法建立表面模型,然后通过改进的射线法进行体素化后得到盐穴的体数据模型;第二种途径是采用构造属性场的方式生成体数据模型。将通过第一种途径获得的体数据模型计算得到的体积记为 BWDA 算法体积,将通过第二种途径获得的体数据模型计算得到的体积记为构造属性场算法体积。

　　(1) 规则几何体体积计算测试

　　规则几何体体积计算测试分别采用立方体、圆柱体和组合体三种几何体进行,建模结果如图 6-7 所示。实验用立方体的长 × 宽 × 高为 100 m × 40 m × 40 m,圆柱体半径为 40 m,高 100 m;组合体中的圆柱体半径为 40 m,

高为 100 m。圆柱旁矩形体截面为正方形,正方形边长为 20.71 m,水平矩形体长度为 30 m,垂直方向的矩形体顶部距水平矩形体的高度为 20 m。将立方体、圆柱体和组合体分别采用以上两种途径建立体数据模型并进行体积计算(计算过程中采用的体积单位为 m³,体元大小为 0.125 m³),将计算结果与理论计算结果对比,见表 6-1。

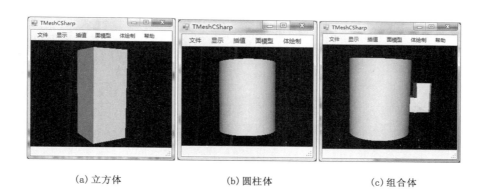

（a）立方体　　　　　　　（b）圆柱体　　　　　　　（c）组合体

图 6-7　几何体建模结果

表 6-1　几何体的体积计算结果对比

项目	理论计算 体积/m³	BWDA 算法 体积/m³	BWDA 算法体积 绝对误差	构造属性场算法 体积/m³	构造属性场算法体积 绝对误差
立方体	160 000	160 000	0.00%	160 830	0.52%
圆柱体	502 655	502 700	0.01%	504 540	0.38%
组合体	523 709	522 513	−0.23%	527 030	0.63%

　　表 6-1 中绝对误差为算法体积(BWDA 算法体积和构造属性场算法体积)和理论计算体积的差值与理论计算体积之比,乘以 100% 所得的数值。从表 6-1 中可以看出,体积计算结果的最大绝对误差绝对值不超过 0.63%,证明了通过本书提出的算法所建立的三维体数据模型其体积计算精度在误差允许的范围内。

　　（2）实际盐穴体积计算测试

　　测试中对 8 组实际的盐穴测量数据分别采用以上两种途径建立了体数据模型并对其进行了体积计算,将计算结果分别与现场化学分析法计算的体积以及 SOCON 公司人工计算的体积进行了对比（计算过程中采用的体积单位为 m^3，体元大小为 $0.125\ m^3$），结果见表 6-2、表 6-3。此处的化学分析法是指在盐穴的造腔过程中通过对卤水采样，计算出被水溶解物质的体积，从而得到盐穴体积。SOCON 公司计算体积指德国 SOCON 公司通过盐穴测量经人工计算后得到的体积。

表 6-2　构造属性场体积计算结果对比

盐穴名称	化学分析法体积/m³	SOCON 公司计算体积/m³	构造属性场算法体积/m³	平均体积/m³	相对误差
1#	—	751 094.20	750 500.00	750 797.10	−0.04%
2#	—	769 970.39	768 020.00	768 995.20	−0.13%
3#	—	751 847.65	745 930.00	748 888.83	−0.40%
4#	—	743 353.22	742 071.00	742 712.11	−0.09%
5#	—	136 202.27	134 890.00	135 546.14	−0.48%
6#	—	341 770.42	336 950.00	339 360.21	−0.71%
7#	273 631.00	264 997.00	262 950.00	267 192.00	−1.59%
8#	337 802.00	328 885.00	326 630.00	331 105.67	−1.35%

表 6-3　BWDA 算法体积计算结果对比

盐穴名称	化学分析法体积/m³	SOCON 公司计算体积/m³	BWDA 算法体积/m³	平均体积/m³	相对误差
1#	—	751 094.20	748 809.40	749 951.80	−0.15%
2#	—	769 970.39	767 207.63	768 589.01	−0.18%
3#	—	751 847.65	749 485.13	750 666.39	−0.16%
4#	—	743 353.22	738 278.13	740 815.68	−0.34%
5#	—	136 202.27	134 352.00	135 277.14	−0.68%
6#	—	341 770.42	336 784.88	339 277.65	−0.73%
7#	273 631.00	264 997.00	264 365.63	267 664.54	−1.23%
8#	337 802.00	328 885.00	327 585.75	331 424.25	−1.16%

表 6-2、表 6-3 中相对误差为算法体积（BWDA 算法体积和构造属性场算法体积）和平均体积的差值与平均体积之比，乘以 100% 所得的数值。表 6-2 为 1#～8# 盐穴采用构造属性场算法的体积计算结果，其平均相对误差为 −0.6%；

表 6-3 为 $1^{\#}\sim 8^{\#}$ 盐穴采用 BWDA 算法的体积计算结果,其平均相对误差为 -0.58%。通过对比表 6-2 与表 6-3 可以看到,采用本书提出算法建立的盐穴三维体数据模型所计算的体积与 SOCON 公司计算的体积以及化学分析法计算的体积相比较总体偏小,但偏差不大,相对误差在 2% 以内。其中,$1^{\#}\sim 6^{\#}$ 盐穴体积计算结果的相对误差绝对值在 1% 以内,$7^{\#}$、$8^{\#}$ 盐穴体积计算结果的相对误差绝对值在 2% 以内。总体上,对两种途径得到的体数据模型进行体积计算得到的结果其误差基本相同,没有较大差别。

6.4.2　表面积计算测试

盐穴的表面积计算是以盐穴的三维表面模型为基础,通过对表面模型的三角形面片进行面积统计得出其表面积。表面模型可以采用两种途径来获得:第一种途径是采用双边距离角度加权(BWDA)算法建立表面模型;第二种途径是采用构造属性场的方式生成体数据模型,然后对体数据模型进行等值面抽取生成表面模型。将通过第一种途径获得的表面模型计算得到的表面积记为 BWDA 算法表面积,将通过第二种途径获得的表面模型计算得到的表面积记为构造属性场算法表面积。

（1）规则几何体表面积计算测试

同样采用体积计算测试中使用的立方体、圆柱体和组合体来进行表面积计算测试。将立方体、圆柱体和组合体分别采用以上两种途径建立表面模型并进行表面积计算(计算过程中采用的面积单位为 m^2),将计算结果与理论计算结果对比,见表 6-4。

表 6-4　几何体的表面积计算结果对比

项目	理论计算表面积/m^2	BWDA 算法表面积/m^2	BWDA 算法表面积绝对误差	构造属性场算法表面积/m^2	构造属性场算法表面积绝对误差
立方体	19 200	19 201	0.01%	20 043	4.39%
圆柱体	35 186	35 178	-0.02%	36 741	4.42%
组合体	39 285	38 919	-0.93%	40 578	3.29%

从表 6-4 中可以看出,BWDA 算法表面积计算结果的最大绝对误差绝对值为 0.93%,构造属性场算法表面积计算结果的最大绝对误差绝对值为 4.42%,高于 BWDA 算法。证明了通过本书提出的算法所建立的三维表面模型其表面积计算精度在误差允许的范围内。

（2）实际盐穴表面积计算测试

表面积测试采用有 SOCON 公司人工计算结果作为参照的 4 组实际盐穴测量数据进行。对这 4 组盐穴测量数据分别应用以上两种途径建立表面模型,通过表面模型进行表面积计算,将计算结果与 SOCON 公司人工计算结果对比(计算过程中采用的表面积单位为 m²),结果见表 6-5、表 6-6。此处的 SOCON 公司人工计算结果为德国 SOCON 公司通过盐穴测量得到的盐穴测量数据经过人工计算后得到的表面积。

表 6-5　BWDA 算法表面积计算结果对比

盐穴名称	SOCON 计算表面积/m²	BWDA 算法表面积/m²	表面积平均值/m²	相对误差
1#	84 479.90	81 558.16	83 019.03	−1.76%
2#	77 641.60	76 982.73	77 312.17	−0.43%
3#	69 640.60	69 076.63	69 358.62	−0.41%
4#	76 004.40	74 912.13	75 458.27	−0.72%

表 6-6　构造属性场算法表面积计算结果对比

盐穴名称	SOCON 计算表面积/m²	构造属性场算法表面积/m²	表面积平均值/m²	相对误差
1#	84 479.90	85 060.00	84 769.95	0.34%
2#	77 641.60	78 258.00	77 949.80	0.40%
3#	69 640.60	74 248.00	71 944.30	3.20%
4#	76 004.40	76 213.00	76 108.70	0.14%

从表 6-5 中可以看出,BWDA 算法表面积计算结果的最大相对误差为 −1.76%,平均相对误差为 −0.83%。通过表 6-6 可以看出,构造属性场算法表面积计算结果的最大相对误差为 3.2%,平均相对误差为 1.02%。对比表 6-5、表 6-6 可知,构造属性场算法的表面积计算结果总体偏大,BWDA 算法的表面积计算结果总体偏小,与前文采用规则几何体测试结果趋势一致。构造属性场算法的表面积计算结果相对误差略大于 BWDA 算法的表面积计算结果。

6.5　小结

本章介绍了笔者根据本书提出的算法,采用 C♯语言编制的盐穴三维建模原型软件 Tmesh 的主要开发环境和功能,并应用其进行了三维建模和面积体积计算测试。

　　首先对 8 组实际的盐穴测量数据进行了三维建模测试,验证了算法对盐穴测量数据的建模效果。在面积、体积测试阶段,分别采用了两种途径来获得体数据模型和表面模型:第一种途径是采用双边距离角度加权(BWDA)算法建立表面模型,然后通过改进的射线法对表面模型体素化后得到盐穴的体数据模型;第二种途径是采用构造属性场的方式生成体数据模型,然后通过等值面抽取方式得到盐穴的表面模型。测试中对规则几何体和实际盐穴数据分别采用以上两种途径进行了表面积和体积的计算,并与人工分析计算的面积、体积数据进行了对比。对比结果表明,采用本书提出的算法建立的盐穴三维模型对盐穴体积计算结果的相对误差在 2% 以内,表面积计算结果的相对误差在 4% 以内,对本书所提出算法的实用性和有效性进行了验证。

第7章 结 论

盐穴具有体积巨大、稳定安全、开发成本低廉的特性，为储存不溶解于盐的液态和气态烃等物质提供了理想的地下存储空间。以水溶开采方式在地下较厚的盐丘或盐层中建造的盐穴，其形状和大小随着地质条件的各异而不尽相同，盐穴的开采方式决定了其测量方式的特殊性。

盐穴的综合利用对盐穴运行的稳定性提出了较高的要求，在对其进行的各项分析计算中，表面积和体积是其中的重要参数，获取准确的表面积和体积对盐穴储库的各项分析计算有直接影响。传统的盐穴体积、面积计算方法是在二维图形的基础上进行近似计算，计算精度差，建立盐穴的三维表面模型可以对盐穴的表面积进行更准确的计算；建立盐穴的体数据模型可以对盐穴的体积进行比较精确的计算。为达到以上目的，本书对盐穴的三维建模方法及关键技术进行了研究。

本书讨论了目前国际上比较先进的盐穴测量方法、原理及过程，对盐穴测量数据的组织形式及特点进行了详细的分析，对三维建模的基本理论进行了研究，结合盐穴测量方法和数据组织形式的特点建立了关于盐穴数据检验与校正、数据插值、表面模型生成和体数据生成的一套完整的盐穴三维建模流程及方法。

本书的主要工作如下：

（1）对现有的三维建模基本理论与算法进行了回顾与总结，讨论了盐穴的测量方法、原理及过程，对盐穴测量数据的组织形式及特点进行了详细的分析，为研究更适合于盐穴的三维建模方法奠定了基础。

（2）针对剖面线数据插值问题，研究了多项式插值、埃尔米特插值方法的原理，深入分析了其产生畸变的原因，进而引入了抑制畸变的保形埃尔米特插值方法，使用真实的盐穴测量数据对保形埃尔米特插值方法在数据插值中的适用性进行了测试。

（3）深入研究了目前已有的基于剖面线的三维模型建模方法，如最大体积法、最小表面积法、切开缝合法、最短对角线法等。在此基础上，结合盐穴测量数据的特点,提出了空间最近点(SNPM)建模方法,并针对其不完善的地方进行了改进,提出了改进空间最近点建模算法(ISNPM),通过引入评价函数的办法,最终完善成为双边距离角度加权(BWDA)建模算法。

(4)根据盐穴内垂直剖面线的分布特点,提出了内垂直剖面线的分类算法。研究了基于表面模型生成盐穴体数据模型的方法。针对盐穴测量的特点,改造了传统的射线法判断点在多面体内的算法,采用线段的方式进行判断,并根据盐穴数据的特点采用了两种快速排除方法。

(5)为解决采用水平剖面线进行三维建模时复杂的分支与对应问题,借鉴轮廓线变形方法的思想,提出了通过构造属性场的方式,引入隐函数变分方法进行体数据的生成,通过抽取零等值面的方式来生成盐穴的表面模型。

(6)根据本书提出的流程和算法,采用 C♯语言编制了相应的盐穴三维建模原型软件 Tmesh,应用其对规则几何体和 8 组实际的盐穴数据分别采用了两种途径进行表面积和体积的计算,并与人工分析计算的面积、体积数据进行了对比。测试结果表明,采用本书提出的算法建立的盐穴三维模型对盐穴体积计算结果的相对误差在 2% 以内,表面积计算结果的相对误差在 4% 以内,对算法的实用性和有效性进行了验证。

在研究与测试的过程中发现,对侵入盐穴内部岩石体的建模比较复杂,目前的分类算法和建模算法在应对形态较为复杂的盐穴数据时仍存在局部三角网连接非最优的情况,如何有效地生成侵入盐穴内部岩石体的模型还有待于进一步研究。另外,本书只对单个盐穴的建模问题进行了探讨,如何有效地对盐穴矿区的盐穴群进行建模和分析,进而建立和完善适用于盐穴群的三维GIS 软件平台,也有待于进一步的探讨。

参 考 文 献

[1] 苏欣,张琳,李岳.国内外地下储气库现状及发展趋势[J].天然气与石油,2007(4):1-4,7,66.

[2] 郑雅丽,赵艳杰.盐穴储气库国内外发展概况[J].油气储运,2010(9):652-655,663,11.

[3] 任涛,姜德义,曹琳.建设地下盐穴储气库的可行性及关键技术[J].煤气与热力,2012(9):35-38.

[4] 冉莉娜,武志德,韩冰洁.盐穴在地下能源存储领域的应用及发展[J].科技导报,2013(35):76-79.

[5] 袁光杰,杨长来,王斌,等.国内地下储气库钻完井技术现状分析[J].天然气工业,2013(2):61-64.

[6] 尹虎琛,陈军斌,兰义飞,等.北美典型储气库的技术发展现状与启示[J].油气储运,2013(8):814-817.

[7] 周学深.有效的天然气调峰储气技术:地下储气库[J].天然气工业,2013(10):95-99.

[8] 薛倩倩,罗琳,张召朋.关于我国盐穴储气库建设的思考与建议[J].中国石油和化工标准与质量,2019(21):93-96.

[9] 屈丹安,杨春和,任松.金坛盐穴地下储气库地表沉降预测研究[J].岩石力学与工程学报,2010(S1):2705-2711.

[10] 王同涛,闫相祯,杨秀娟,等.考虑盐岩蠕变的盐穴储气库地表动态沉降量预测[J].中国科学:技术科学,2011(5):687-692.

[11] 李银平,孔君凤,徐玉龙,等.利用 Mogi 模型预测盐岩储气库地表沉降[J].岩石力学与工程学报,2012(9):1737-1745.

[12] 孔君凤,李银平,杨春和,等.盐穴储气库群地表铁路路基变形及运输安全评价[J].岩石力学与工程学报,2012(9):1776-1784.

[13] 李郎平,兰恒星,李晓,等.金坛盐穴天然气储库区地表变形 PSI 监测[J].岩石力学与工程学报,2012(9):1821-1829.

[14] 罗金恒,李丽锋,赵新伟,等.盐穴地下储气库风险评估方法及应用研究 [J].天然气工业,2011(8):106-111,140.

[15] 谢丽华,李鹤林,赵新伟,等.盐穴地下储气库事故统计及风险分析[J].中 国安全科学学报,2009(9):125-131,180.

[16] 井文君,杨春和,李鲁明,等.盐穴储气库腔体收缩风险影响因素的敏感 性分析[J].岩石力学与工程学报,2012(9):1804-1812.

[17] 陈结.含夹层盐穴建腔期围岩损伤灾变诱发机理及减灾原理研究[D].重 庆:重庆大学,2012.

[18] 黄耀琴,陈李江.地下盐穴储油库库址优选[J].油气储运,2011(2):117- 120,77.

[19] 肖学兰.地下储气库建设技术研究现状及建议[J].天然气工业,2012(2): 79-82,120.

[20] 井文君,杨春和,李银平,等.基于层次分析法的盐穴储气库选址评价方 法研究[J].岩土力学,2012(9):2683-2690.

[21] 郭彬,房德华,王秀平,等.国外盐穴地下天然气储气库建库技术发展[J]. 断块油气田,2002(1):78-80,86.

[22] 赵帅,闫相祯,韩丽玲.基于蒙特卡洛法的地下盐穴储气库顶板可靠性分 析[J].科学技术与工程,2013(36):10908-10912.

[23] 武魏楠.中国储气库的急与慢[J].能源,2013(11):64-65.

[24] 李国韬,郝国永,朱广海,等.盐穴储气库完井设计考虑因素及技术发展 [J].天然气与石油,2012(1):52-54,63,102.

[25] 李浩然,杨春和,陈锋,等.变权和相对差异函数在盐穴储气库腔体稳定 性评价中的应用[J].岩土力学,2014(4):1194-1202.

[26] 王同涛,闫相祯,杨恒林,等.多夹层盐穴储气库群间矿柱稳定性研究[J]. 煤炭学报,2011(5):790-795.

[27] 丁国生.金坛盐穴储库单腔库容计算及运行动态模拟[J].油气储运, 2007(1):23-27,63,7-8.

[28] 丁国生,谢萍.西气东输盐穴储气库库容及运行模拟预测研究[J].天然气 工业,2006(10):120-123,185-186.

[29] 魏东吼,屈丹安.盐穴型地下储气库建设与声纳测量技术[J].油气储运, 2007(8):58-61,68.

[30] 徐爱功,杨帆,杨伦,等.西气东输工程盐穴储气库建设中的测量问题探 讨[J].测绘科学,2007(2):116-117,159,181.

[31] 辛梓瑞,徐爱功,崔杨.基于 VTK 的盐穴储库三维建模方法研究[J].矿山测量,2012(4):31-34.

[32] 李俊锋,张养安,阮林林.三维 GIS 在国内外现状分析研究[J].杨凌职业技术学院学报,2014(3):1-4.

[33] 武强,徐华.虚拟地质建模与可视化[M].北京:科学出版社,2011.

[34] JESSELL M.Three-dimensional geological modelling of potential-field data[J].Computers and geosciences,2001(4):455-465.

[35] AILLERES L A.New gocad developments in the field of 3-dimensional structural geophysics[J].Journal of the virtual explorer,2000(1):58-64.

[36] 张渭军.水文地质结构三维建模与可视化研究[D].西安:长安大学,2011.

[37] 王家耀.空间信息系统原理[M].北京:科学出版社,2001.

[38] 邬伦,刘瑜,张晶,等.地理信息系统:原理、方法和应用[M].北京:科学出版社,2005.

[39] VOELCKER H B,REQUICHA A A G.Geometric modelling systems for mechanical design and manufacturing [C]//ACM'78 Proceedings of the 1978 Annual Conference,1978(2):770-778.

[40] MOLENAAR M.A topology for 3-D vector maps[J].ITC journal,1992(1):25-33.

[41] CARLSON E. Three dimensional conceptual modelling of subsurface structures [C]//Technical Papers of ASPRS-ACSM Annual Convention. Baltimore:Asprs Pubns,1987(4):188-200.

[42] PILOUK M.Integrated modelling for 3D GIS[D].Ensched:University of Twente,1996.

[43] PENNINGA F,OOSTEROM V.A simplicial complex-based DBMS approach to 3D topographic data modelling[J].International journal of geographical information science,2008(22):751-779.

[44] ZLATANOVAS.3D GIS for urban development[D].Graz:Graz University of Technology,2000.

[45] ABDUL R.The design and implementation of two and three-dimensional triangular irregular network (TIN) based GIS [D].Glasgow:University of Glasgow,2000.

[46] COORS V.3D GIS in networking environments[J].Computer,environ-

ment and Urban Systems,2003(4):345-357.

[47] SHI W Z,YANG B S,LIQ Q. An object-oriented data model for complex objects in three-dimensional geographic information systems [J].International journal of geographic information science,2003(5): 411-430.

[48] COSTAMAGNA E,SPANÒA.Spatial models for architectural heritage in urban database context[C]//28th Urban Data Management Symposium.Hyderabad:ISPRS Council,2011(4):13-18.

[49] HOULDING S W.Practical geostatistics,modeling and spatial analysis [M].New York:Springer-Verlag Berlin and Heidelburg,2000.

[50] HOULDING S W.3D geoscience modeling:computer techniques for geological characterization[M].New York:Springer-Verlag,1994.

[51] 程朋根,龚健雅,史文中,等.基于似三棱柱体的地质体三维建模与应用研究[J].武汉大学学报(信息科学版),2004(7):602-607.

[52] 张煜,白世伟.一种基于三棱柱体体元的三维地层建模方法及应用[J].中国图象图形学报,2001(3):83-88.

[53] WU L X. Topological relations embodied in a generalized tri-prism (GTP) model for a 3D geoscience modeling system[J].Computers and geosciences,2004(4):405-418.

[54] 李清泉.基于混合结构的三维 GIS 数据模型与空间分析研究[D].武汉:武汉测绘科技大学,1998.

[55] 李清泉,李德仁.三维空间数据模型集成的概念框架研究[J].测绘学报,1998(4):325-331.

[56] 李德仁,李清泉.一种三维 GIS 混合数据结构研究[J].测绘学报,1997(2):36-41.

[57] 李清泉,李德仁.三维地理信息系统中的数据结构[J].武汉测绘科技大学学报,1996(2):128-133.

[58] SHI W Z.A hybrid model for three-dimensional GIS[J].Geoinfomatics,1996(1):400-409.

[59] 李清泉,杨必胜,史文中,等.三维空间数据的实时获取、建模与可视化[M].武汉:武汉大学出版社,2003.

[60] 杨东来,张永波,王新春,等.地质体三维建模方法与技术指南[M].北京:地质出版社,2007.

［61］ JONES N L,NELSON J.Automated delineation of catchment are-aboundaries with TINs［J］.Global change biology,1992(4):44-49.

［62］ MALLET J L,LI A D,DOYEN R D,et al.Modeling the topology,the geometry and the properties of geological objects［J］.Virtual environments for the geosciences,1997(4):1-12.

［63］ WILLIAMS J,ROSSIGNAC J.Mason:morphological simplification［J］.Graphical Models,2005(4):285-303.

［64］ 左兴东.三维 GIS 的数据结构探讨［J］.测绘与空间地理信息,2014(7):120-122.

［65］ 李江,刘修国.矿山三维模型无缝集成方法与研究［J］.资源环境与工程,2014(4):611-615.

［66］ 闾国年,袁林旺,俞肇元.GIS 技术发展与社会化的困境与挑战［J］.地球信息科学学报,2013(4):483-490.

［67］ 杨华,韩立钦,王志红.基于三维 GIS 的数字矿山建设技术研究［J］.矿山测量,2014(2):1-2,5.

［68］ ZHAO H H,OSHER S,FEDKIW R.Fast surface reconstruction using the level set method［C］//Variational and Level Set Methods in Computer Vision.Vancouver:IEEE,2001:194-201.

［69］ WANG H,RONG Y K,LI H,et al.Computer aided fixture design:recent research and trends［J］.Computer aided design,2010(12):1085-1094.

［70］ BURKE H F,MORGAN D J,KESSLER H,et al.A 3D geological model of the superficial deposits of the Holderness area［J］.British geological survey,2010(58):101-103.

［71］ BOISSONNAT J D.Geometric structures for three dimensional shape representation［J］.ACM transcations on graphics,1984(4):266-286.

［72］ EDELSBRUNNER H,MUCKE D.Three-dimensional alpha shapes［J］.ACM transcations on graphics,1994(1):43-72.

［73］ TEICHMANN M,CAPPS M.Surface reconstruction with anisotropic density scaled alpha shapes［M］.New York:ACM Press,1998.

［74］ MELKEMI M.A shape of a finite point set［M］.New York:ACM Press,1997.

［75］ XU X L,HARADA K.Auto surface reconstruction with alpha shape［J］.IAPR workshop on machine vision application,2002(1):380-383.

[76] AMENTA N,BERN M.Surface reconstruction by Voronoi filtering[J]. Discrete and computational geometry,1998(4):481-504.

[77] AMENTA N,BERN M,EPPSTEIN D.The crust and the beta skeleton: combinatorial curve reconstruction [J]. Graphical models and image processing,1998(2):125-135.

[78] AMENTA N,CHOI S,DEY T K,et al.A simple algorithm for homeomorphic surface reconstruction[C]//Proceedings of the Sixteen Annual Symposium on Computational Geometry.New York:ACM Press,2000: 213-222.

[79] DEY T K,GOSWAMI S.Tight Cocone:a water-tight surface reconstructor [J].Journal of computing and information science in engineering,2003(4): 302-307.

[80] DEY T K,GOSWAMI S.Provable surface reconstruction from noisy samples[J]Computational geometry,2006(1-2):124-141.

[81] AMENTA N,CHOI S,KOLLURI R K.The power crust[C]//In Proceedings of the sixth ACM symposium on Solid modeling and applications.New York,USA,2001:249-266.

[82] AMENTA N,CHOI S,KOLLURI R K.The power crustunions of balls and the medial axis transform[J].Computational geometry,2001(9): 127-153.

[83] FUCHS H,KEDEM Z M,USELTON S P.Optimal surface reconstruction from planar contours[J].Communication of the ACM,1997(10): 693-702.

[84] KEPPEL E.Approximating complex surfaces by triangulation of contour lines[J].IBM journal research and development,1975(1):2-11.

[85] BAREQUET G,SHARIR M.Piecewise-linear interpolation between polygonal slices[J].Computer vision and image understanding,1994(2): 251-272.

[86] BAJAJ C L,COYLE E J,LIN K N.Arbitrary topology shape reconstruction from planar cross sections[J].Graph models image process,1996(6):524-543.

[87] OLIVA J M,PERRIN M,COQUILLART S.3D reconstruction of complex polyhedral shapes from contours using a simplified generalized voronoi diagram[J].Computer graphics forum,1996(3):397-408.

[88] FUJIMURA K,KUO E.Shape reconstruction from contours using iso-

topic deformation[J].Graphical models and image processing,1999(3):127-147.

[89] WANG D,HASSAN O,MORGAN K,et al.Efficient surface reconstruction from contours based on two-dimensional delaunay triangulation[J].International journal for numerical methods in engineering,2006(5):734-751.

[90] NILSSON O, BREEN D, MUSETH K. Surface reconstruction via contour metamorphosis:an eulerian approach with lagrangian particle tracking[J].IEEE visualization,2005(1):407-414.

[91] EDWARDS J,BAJAJ C.Topologically correct reconstruction of tortuous contour forests[J].Computer aided design,2011(10):1296-1306.

[92] LIU L,BAJAJ C,DEASY L O,et al.Surface reconstruction from non-parallel curve networks[J].Computer graphics forum,2008(2):155-163.

[93] KASS M,WITKIN A,TERZOPOULOS D.Snakes:active contour models[J].International journal of computer vision,1988(4):321-331.

[94] TURK G,O'BRIEN J F.Shape transformation using variational implicit surfaces[C]//In Proceedings of SIGGRAPH.Los Angele:SIGGRAPH,1999:335-342.

[95] CLAISSE A,FREY P.A nonlinear PDE model for reconstructing a regular surface from sampled data using a level set formulation on triangular meshes[J].Journal of computational physics,2011(12):4636-4656.

[96] MARCON M,PICCARRETA L,SARTI A,et al.Fast PDE approach to surface reconstruction from large cloud of points[J].Computer vision and image understanding,2008(3):274-285.

[97] YOSHIHARA H,YOSHII T,SHIBUTANI T,et al.Topologically robust B-spline surface reconstruction from point clouds using level set methods and iterative geometric fitting algorithms [J]. Commputer aided geometric design,2012(7):422-434.

[98] HAJIHASHEMI M R, EI-SHENAWEE M. High performance computing for the level-set reconstruction algorithm[J].Journal of parallel and distributed computing,2010(6):671-679.

[99] MAAS K. Modellierung gekrümmter flächen zur unterstützung der markscheiderischen bearbeitung von speicherkavernen im salzgebirge [D].Clausthal-Zellerfeld:Technische Universität Clausthal, 1999.

[100] TONINI A, GUASTALDI E, MECCHERI M. Three-dimensional reconstruction of the Carrara Syncline（Apuane Alps, Italy）: an approach to reconstruct and control a geological model using only field survey data [J]. Computers and geosciences, 2009(1): 33-48.

[101] 王勇, 李朝奎, 陈良, 等. 权重对空间插值方法的影响分析[J]. 湖南科技大学学报（自然科学版）, 2008(4): 77-80.

[102] 刘光孟, 汪云甲, 张海荣, 等. 空间分析中几种插值方法的比较研究[J]. 地理信息世界, 2011(3): 41-45.

[103] 李育蕾. 青海湖流域降水的时空演变特征分析[D]. 西宁: 青海师范大学, 2012.

[104] 高艳, 刘玉铃. 基于离散点规则网格化的 DEM 精度浅析[J]. 青海国土经略, 2011(5): 35-37.

[105] 李静, 胡云安. 时变 RBF 神经网络的逼近定理证明及其应用分析[C]// 中国自动化学会控制理论专业委员会. 中国自动化学会控制理论专业委员会 C 卷. 北京: 中国自动化学会控制理论专业委员会, 2011.

[106] 李艳君, 吴铁军, 赵明旺. 一种新的 RBF 神经网络非线性动态系统建模方法[J]. 系统工程理论与实践, 2001(3): 64-69.

[107] 周志华, 曹存根. 神经网络及其应用[M]. 北京: 清华大学出版社, 2004.

[108] 刘湘南, 黄方, 王平. GIS 空间分析原理与方法[M]. 2 版. 北京: 科学出版社, 2016.

[109] 吴慧欣. 三维 GIS 空间数据模型及可视化技术研究[D]. 西安: 西北工业大学, 2007.

[110] 武晓波, 王世新, 肖春生. 建立多精度三角网[J]. 中国图象图形学报, 1999(9): 766-768.

[111] 刘学军, 符锌砂, 赵建三. 三角网数字地面模型快速构建算法研究[J]. 中国公路学报, 2000(2): 33-38.

[112] 武晓波, 王世新, 肖春生. Delaunay 三角网的生成算法研究[J]. 测绘学报, 1999(1): 28-35.

[113] 周秋生. 建立数字地面模型的算法研究[J]. 测绘工程, 2001(1): 14-18.

[114] LEE D T, SCHACHTER B J. Two algorithms for constructing a Delaunay triangulation[J]. International journal of computer and information sciences, 1980(3): 219-242.

[115] GREEN P J, SIBSON R. Computing dirichlet tessellations in the plane

[J].Computer journal,1978(2):168-173.

[116] BRASSEL K E,REIF D A procedure to generate thiessen polygons [J].Geographical analysis,1979(3):289-303.

[117] MCCULLAGH M J,ROSS C G.Delaunay triangulation of a random data set for isarithmic mapping[J]. The cartographic journal, 1980 (2):93-99.

[118] 余杰,吕品,郑昌文.Delaunay 三角网构建方法比较研究[J].中国图象图形学报,2010(8):1158-1167.

[119] 杨欣.限定 Delaunay 三角网格剖分技术[M].北京:电子工业出版社,2005.

[120] 吴慧欣,薛惠峰,邢书宝.限定 TIN 与 CSG 集成仿真模型生成算法研究[J].计算机应用,2007(2):475-478.

[121] OSHER S,FEDKIW R.Level set methods and dynamic implicit surfaces[M].New York:Springer-Verlag,2003.

[122] SETHIAN J A.Level set methods and fast marching methods[M]. Cambridge:Cambridge University Press,1999.

[123] 张清华.医学图像分割中的分段常数水平集方法与 Mumford-Shah 模型研究[D].长沙:湖南大学,2009.

[124] SOCON.Integritätsprüfung von kavernenbohrungen[EB/OL].(2013-04-15) [2015-06-03] https://socon. com/index. php/de/dienstleistungen/kaverneningritaet-de.

[125] MOLER C B.Numerical computing with matlab[M].Natick:Society for Industrial and Applied Mathematics,2008.

[126] FRITSCH F N,CARLSON R E.Monotone piecewise cubic interpolation[J]. SIAM journal on numerical analysis(SIAM), 1980(2): 238-246.

[127] HUYNH H T.Accurate monotone cubic interpolation[J]. SIAM journal on numerical analysis(SIAM),1993(1):57-100.

[128] 邓四清,张竟成.保单调有理三次插值[J].聊城大学学报(自然科学版),2003(3):15-16,19.

[129] AKIMA H.A new method of interpolation and smooth curve fitting based on local procedures[J].Journal of the association for computing machinery,1970(4):589-602.

[130] RENKA R J.Interpolatory tension splines with automatic selection of tension factors[J].Society for industrial and applied mathematics, 1987(3):393-415.

[131] HYMAN J M.Accurate monotonicity preserving cubic interpolation [J].Society for industrial and applied mathematics,1983(4):645-654.

[132] 唐泽圣.三维数据场可视化[M].北京:清华大学出版社,1999.

[133] CHRISTIANSEN H N,SEDERBERG T W.Conversion of complex contour line definitions into polygonal element mosics[J].Computer graphics,1978(2):187-192.

[134] 马洪滨,郭甲腾.一种新的多轮廓线重构三维形体算法:切开-缝合法 [J].东北大学学报(自然科学版),2007(1):111-114.

[135] GANAPATHY S,DENNEHY T G.A new general triangulation method for planar contours[J].Computer graphics,1982(3):69-75.

[136] TAO Z Y,MA Z H.The research of salt cavern 3D modeling technology [C]//Asia-Pacific Conference on Information Processing. Shenzhen,China: IEEE,2009:241-244.

[137] TAO Z Y,MA Z H.Improved space nearest point method in salt caves modeling[C]//International Conference on Signal Processing Systems. Singapore:IEEE,2009:159-161.

[138] 程朋根,文红.三维空间数据建模及算法[M].北京:国防工业出版 社,2011.

[139] MÖLLER T,TRUMBORE B.Fast minimum storage ray/triangle intersection[J].Journal of graphics tools,1997(1):21-28.

[140] TURK G,O'BRIEN J F.Shape transformation using variational implicit functions[J].Computer graphics and interactive techniques,1999 (26):335-342.

[141] DUCHON J.Splines minimizing rotation-invariant semi-norms in sobolev spaces[J].Lecture notes in mathematics,1977(1):85-100.

[142] LORENSEN W E,CLINE H E.Marching cube:a high resolution 3D surface construction algorithm[J].Computer graphics,1987(4):163-169.

[143] 李铭.三维数据场可视化平台及其关键技术研究[D].哈尔滨:哈尔滨工 程大学,2005.

[144] 叶再春.MC算法研究及在三维流体可视化模拟中的应用[D].苏州:苏

州大学,2009.

[145] DURST M J.Additional reference to 'marching cubes'[J].Computer graphics,1988(2):72-73.

[146] NIELSON G M.On marching cubes[J].IEEE transactions on visualization and computer graphics,2003(3):283-297.

[147] TAO Z Y,ZI L L,MA Z H.Smog animation simulation based on shape control[C]//International Conferenceon Computer Engineering and Applications. Manila Philippines:Academic,2009(1):546-549.

[148] 贾艳武.煤岩层三维建模空间插值方法的应用研究[J].煤炭技术,2014(11):85-87.

[149] ERTEN H,ÜNGÖR A.Triangulations with locally optimal steiner points[C]//Proceedings of the 5th Eurographics Symposium on Geometry Processing.Barcelona,SPain:ACM SIGGRAPH,2007:143-152.

[150] FLEISCHMANN P,PYKA W,SELBERHERR S.Mesh generation for application in technology CAD[J].IEICE transactions on electronics,1999(6):937-947.

[151] 郑丽萍,李光耀,李寰.像素的移动体素面绘制算法[J].计算机工程与科学,2012(5):121-125.

[152] 王旭初,王赞.基于最近邻 Marching Cubes 的医学图像三维重建[J].计算机工程与应用,2012(18):154-158.

[153] MAX N,HANRAHAN P,CRAWFIS R.Area and volumn coherence for efficient visualization of 3D scalar function[J].Computer graphics,1990(5):27-33.

[154] 邹艳红,何建春.移动立方体算法的地质体三维空间形态模拟[J].测绘学报,2012(6):910-917.

[155] 张媛,周漪.MRI 脑序列图像的三维重建算法研究[J].科学技术与工程,2013(15):4329-4333.

[156] 高峰,付忠良.基于改进移动立方体的医学图像三维重建算法[J].计算机应用,2013(S1):201-203,213.

[157] 夏斌,王利生.基于边界曲面零交叉点的体绘制[J].计算机应用研究,2013(9):2865-2867,2871.

[158] 王明,冯结青,杨贲.移动立方体算法与移动四面体算法的对比与评估[J].计算机辅助设计与图形学学报,2014(12):2099-2106.

［159］赵杰,龚硕然,王龙.一种改进的 MC 算法［J］.激光杂志,2014(8):19-22.

［160］李程.基于 MT 算法的地质数据绘制［J］.数字通信,2014(4):35-38.

［161］于荣欢,邓宝松,吴玲达,等.三维标量场并行等值面提取与绘制技术［J］.计算机辅助设计与图形学学报,2012(2):244-251.

［162］吴玲达,于荣欢,瞿师.大规模三维标量场并行可视化技术综述［J］.系统仿真学报,2012(1):12-16.

［163］杨利容,简兴祥.Delaunay 三角剖分插值算法在 MT 成图中的应用［J］.西北地震学报,2012(1):14-17.

［164］刘鹤丹,王成恩.基于三维网格单元的等值面梯度抽取法［J］.东北大学学报(自然科学版),2012(10):1373-1376.

［165］于荣欢,吴玲达,杨超.直接体绘制中交互显示控制技术研究［J］.计算机科学,2013(S2):347-349.

［166］徐胜华,刘纪平,王想红,等.基于三维 GIS 的海洋标量场数据动态可视化［J］.测绘通报,2013(10):50-53.

［167］WELLMANN J F, HOROWITZ F G, SCHILL E, et al. Towards incorporating uncertainty of structural data in 3D geological inversion ［J］.Tectonophysics,2010(3-4):141-151.